高等职业教育智能制造精品教材

装配式混凝土预制构件制造技术

主　编　**胡军林**
副主编　**王芙蓉**

中南大学出版社
www.csupress.com.cn
·长沙·

内容简介

本书根据土建类专业的人才培养方案、教学目标及装配式混凝土预制构件制造技术的教学特点与要求，结合国家装配式建筑发展战略及住建部《"十三五"装配式建筑行动方案》等文件精神，依据最新颁布的相关规范、标准编写而成。

本书较为系统地介绍了装配式混凝土预制构件的制造流程，共分 5 个模块，主要内容包括生产设备认知、水平构件预制、竖向构件预制、异形构件预制及预制构件存储与运输。本书结合技术技能型人才培养的特点，立足实践技能的培养，注重基本理论的阐述，把"做中学、做中教"的思想贯穿于整个教材的编写过程中，具有实用性、系统性和先进性的特色。

本书可作为应用型本科和高职高专土建类专业相关课程教材，也可作为现场生产及管理人员的参考用书。

图书在版编目(CIP)数据

装配式混凝土预制构件制造技术／胡军林主编. —
长沙：中南大学出版社，2020.6
ISBN 978 - 7 - 5487 - 0423 - 2

Ⅰ.①装… Ⅱ.①胡… Ⅲ.①装配式混凝土结构－预
制结构－制造－高等职业教育－教材 Ⅳ.①TU37

中国版本图书馆 CIP 数据核字(2020)第 086463 号

装配式混凝土预制构件制造技术
ZHUANGPEISHI HUNNINGTU YUZHI GOUJIAN ZHIZAO JISHU

胡军林　主编

□责任编辑　周兴武
□责任印制　周　颖
□出版发行　中南大学出版社
　　　　　　社址：长沙市麓山南路　　　　　邮编：410083
　　　　　　发行科电话：0731 - 88876770　　传真：0731 - 88710482
□印　　装　长沙雅鑫印务有限公司

□开　　本　787 mm×1092 mm　1/16　□印张 14.25　□字数 363 千字
□版　　次　2020 年 6 月第 1 版　□2020 年 6 月第 1 次印刷
□书　　号　ISBN 978 - 7 - 5487 - 0423 - 2
□定　　价　39.00 元

高等职业教育智能制造精品教材编委会

主 任

张 辉

副主任

杨 超　邓秋香

委 员

（以姓氏笔画为序）

马 娇　龙 超　宁艳梅

匡益明　伍建桥　刘湘冬

杨雪男　沈 敏　张秀玲

陈正龙　范芬雄　欧阳再东

胡军林　徐作栋

前 言 PREFACE.

建筑行业的产业化升级，简单来说就是通过工业化的方式，像造汽车一样的生产构件，像搭积木一样的盖房子。《中国制造2025》也提出："中国制造要向创新、智能、绿色和高端转型，找到自己的新优势，才能把自身依赖于出口导向型的经济发展模式，逐步转变为以我为主的全球价值链开放型经济新模式。"在新技术以及政策的推动下，一场围绕建筑行业的变革也在悄然兴起。

资料显示，发达国家混凝土工程中预制件的比例占35%～50%，说明预制装配技术仍是建筑工业化的一个重要组成部分。在我国，进入21世纪后，对于日益发展的建筑市场，现浇结构体系所存在的弊端日趋明显化。面对这些问题，结合国外住宅产业化的成功经验，我国建筑行业再次掀起了"建筑工业化""住宅产业化"的浪潮，在混凝土的制备、特性和应用上取得了一系列研究和应用成果，在混凝土预制装备的研究上，也取得长足的进展。

随着我国城镇化的快速发展，住宅需求量增加，混凝土部品部件的快速生产成为一大需求。而就我国目前而言，还存在着混凝土生产效率低、生产质量差、生产设备简单、智能化程度较低等问题。PC是钢筋混凝土预制构件的简称，也是装配式房屋建筑的主要构件，目前，国内的装配式房屋建筑已经成为大势所趋，此种建筑方式更加的标准化、机械化、自动化，PC生产线能够实现住宅预制构件的批量生产，使传统的工地现浇式分散工作，转移到工厂预制加工，然后运输到工地，很大程度地节省了人力物力，也使得建筑流程更加的简洁规范，提高生产效率。

PC的生产是装配式建筑制造的重要环节，本书主要从工厂生产设备、典型预制构件制造、异形构件制造及预制构件存储与运输这几个方面来展开陈述。由胡军林、王芙蓉、龚琰、陈哲编写，其中胡军林负责项目1、项目2、项目3、项目12、项目13的编写，王芙蓉负责项目6、项目7、项目9的编写，龚琰负责项目5、项目10、项目11的编写，陈哲负责项目4和项目8的编写。

混凝土预制构件制造技术是一门新兴的学科，其基本概念和方法还有待深入研究，加之编者水平有限，不妥之处敬请批评指正。

编　者

2020年1月

CONTENTS. 目录

模块一
生产设备认知

　　从智能手机到智能家居，从无人机到无人驾驶，新的技术和产业升级正在席卷着各行各业，包括最为传统的建筑行业。随着我国城镇化的快速发展，住宅需求量增加，混凝土部品部件的快速生产成为一大需求。

　　PC 是钢筋混凝土预制件的简称，目前，国内的装配式房屋建造已经成为大势所趋，此种建造方式更加的标准化、机械化、自动化，PC 生产线能够实现住宅预制构件的批量生产，使传统的工地现浇式分散工作，转移到工厂预制加工，然后运输到工地，很大程度地节省了人力物力，也使得建造流程更加的简洁规范，提高工作效率，同时更好地满足绿色节能的发展需要。

　　PC 成套设备主要包括 PC 生产线、PC 专用搅拌站、重型叉车、预制构件专用运输车、重型起重机械、钢筋成套设备、建筑垃圾处理设备、建筑机器人等，主要解决预制构件的生产、运输和安装三大问题。

　　本模块重点介绍 PC 生产线、钢筋设备以及混凝土搅拌设备，主要目的是让学习者对这些设备有一个基本认知，熟悉结构和工作原理，了解基本的操作和维护，以便后期更好地使用设备进行构件的生产、转运和养护。

项目1　混凝土搅拌站认知

 学习目标

1. 熟悉搅拌站的结构组成；
2. 掌握搅拌站的工作原理；
3. 能够正确认知搅拌站的主要结构；
4. 能够对搅拌站进行基本的操作与简单维护。

 项目描述

　　PC搅拌站是混凝土预制构件生产原材料的重要生产部分，是PC工厂必不可少的重要生产设备，如图1-1所示。本项目主要是对PC专用搅拌站进行认知，熟悉搅拌站的主体结构，掌握各主体结构的功能、工作原理，对搅拌站的基本操作有所了解，熟悉常规项目的维护。

图1-1　PC搅拌站

 项目分析

　　本项目需要制定计划，分组，从上到下、从外到里地对主要结构进行分析、讨论，从而熟悉、掌握主要PC搅拌站的结构、功能，在现场认知过程中需要进行工具、设备准备，如表1-1所示，并进行必要的安全防护。

表1-1　工具、设备清单

序号	分类	名称	数量	单位	备注
1	工具	手电筒	1	个	
2		相机(手机)	1	个	
3		激光笔	1	个	
4		扩音器	1	个	
5	设备	PC搅拌站	1	条	
6		砂石物料	若干	堆	
7	安全防护	安全帽	若干	个	
8		防砸鞋	若干	双	

知识平台

混凝土搅拌站按用途可分为:商品混凝土搅拌站(简称商混站,如图1-2所示)、工程混凝土搅拌站(简称工程站,如图1-3所示)。商混站专业生产商品混凝土,一般建于城郊近河道的位置,与混凝土搅拌运输车、拖泵或泵车成套使用,为周围40 km以内地区提供新鲜混凝土。工程站一般建成永久性建筑物,有钢结构和混凝土+钢结构两种形式,环保要求高,搅拌主楼整体包装,隔音隔热效果好,外观装修考究,VI标识醒目,通常占地面积较大,配有砂石堆场、绿化区、洗车场、停车场、实验室、办公生活楼等。

图1-2　商混站

图1-3　工程站

PC专用混凝土搅拌站总体结构如图1-4所示,结构上主要由储料系统、计量系统、输送系统、供液系统、气动系统、搅拌系统、主楼框架、控制室、除尘系统等组成,用以完成混凝土原材料的储存、计量、输送、搅拌和出料等工作。其主要技术参数如表1-2所示。

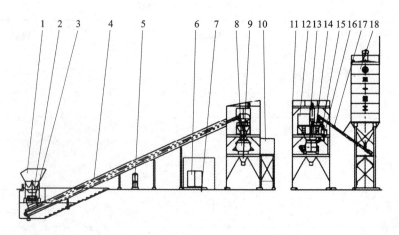

图 1 - 4　PC 专用混凝土搅拌站(HZS120)

1—骨料储料仓；2—骨料计量；3—水平皮带输送机；4—斜皮带输送机；5—气动系统；
6—外加剂箱；7—水池；8—搅拌系统；9—卸料斗；10—控制室；11—主楼框架；12—骨料待料斗；
13—除尘系统；14—粉料计量；15—外加剂计量；16—水计量；17—螺旋输送机；18—粉料罐

表 1 - 2　HZS120TC6 搅拌站主要技术参数

型号	HZS120TC6
理论生产/($m^3 \cdot h^{-1}$)	100
搅拌电机功率/kW	2×37
理论循环周期/s	72
搅拌机公称容量/L	2000
骨料最大直径/mm	$\phi 80$
粉料仓容量/t	4×200
配料站配料能力/L	3200
骨料仓容量/m^3	4×25
骨料提升机生产率/($t \cdot h^{-1}$)	200
螺旋输送机最大生产率/($t \cdot h^{-1}$)	80
卸料高度/m	3.8
装机容量/kW	210

一、储料系统

储料系统包括原材料的储料系统(粉料罐、水池、骨料储料仓、骨料待料斗和外加剂罐等)和成品混凝土的储料系统(卸料斗)两个方面。为实现混凝土生产的连续性，提高生产率，配制混凝土所需的原材料必须保证一定的储存量，以保证生产稳定性。因此储料系统各部分容积的大小应合理分析混凝土原材料的供应情况。在对混凝土搅拌站具体配置进行选型时，可针对当地原材料的供应情况来进行确定。其储存量以能满足原材料集运所必要的周转时间及在排除故障的时间内还能连续生产混凝土为宜。下面分别对储料系统进行介绍：

粉料罐其基本结构如图 1-5 所示，它是储存粉状物料的筒仓，储存如水泥、掺合料(粉煤灰、矿粉、沸石粉和硅灰)、干式粉状添加剂等。筒仓的截面几乎都是圆形，因为这种形状受力状况最好，有效容积也最大。

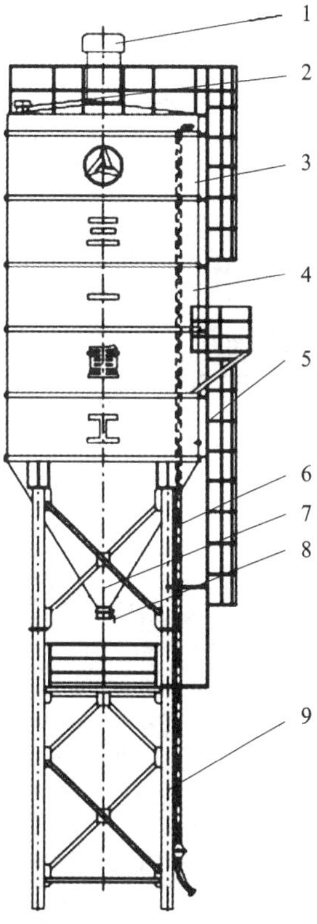

仓顶收尘机主要作用是在散装水泥车向粉料罐内泵送散装物料时，在压缩空气通过仓顶收尘机排到大气的过程中，阻止压缩空气中夹杂的粉尘直接排出，从而达到保护环境的作用。每次往粉料罐中输送物料前和输送物料结束后，必须开动收尘机震动器震落收尘机滤芯上的粉尘，保证罐内外气流的顺畅。

压力安全阀作用是当散装水泥车向粉料罐内泵送散装物料时，如果仓顶收尘机因堵塞而排气不顺畅，导致粉料罐内气压升高，为保护粉料罐，当压力升高到一定值后，安全阀开启卸压，从而起到保护粉料罐的作用。

吹灰管是往罐体内输送物料时使用的钢管，它固定在罐体上。管道拐弯处应有耐磨措施，散装水泥输送车的出灰软管上有快速接头，能方便快捷地与水泥筒仓上吹灰管相连接。

检修梯子主要用来检修粉料罐上相关设备，如清理收尘机滤芯、检修料位计、压力安全阀等。在爬检修梯子之前，必须系好安全带、戴好安全帽，按照相关安全操作规程进行作业。

仓体是一个空腔容器，上部为圆柱形，下部为锥形，由钢板卷制、拼焊而成。仓体必须密封，不允许雨水流入，否则会导致罐内粉料结块。

图 1-5 粉料罐示意图

1—仓顶收尘机；2—压力安全阀；
3—阻旋式料位指示器；4—仓体；
5—检修梯子；6—吹灰管；7—助流
气垫；8—手动蝶阀；9—支腿

支腿是粉料罐的承重件，它一般由钢管和角钢或槽钢拼焊而成。

骨料储料仓是储存砂石料的仓体，和骨料计量部分连成一体后，通常称为配料站。配料站起到储存砂石料和在称量砂石料时控制配料的作用。上部仓体可由混凝土浇筑而成，也可整体做成钢结构，常以地仓式配料站和钢结构配料站进行区分。

图 1-6 为地仓式配料站，上部混凝土储料仓和料斗等构成骨料储料仓。筛网用来筛除骨料中不符合要求的粗骨料，保证设备的正常运转。开关储料斗门可对计量斗配料，储料斗门为弧形门，通过调节斗门与料斗的间隙，能够有效防止料门卡料。压缩气体通过电磁阀到达执行元件气缸活塞两端，使气缸活塞杆动作，从而驱动斗门的开关。实现对各种骨料的配给。因砂料有较大的黏性，在配砂料时，斗门打开，震动器延时震动，使砂顺畅下料。

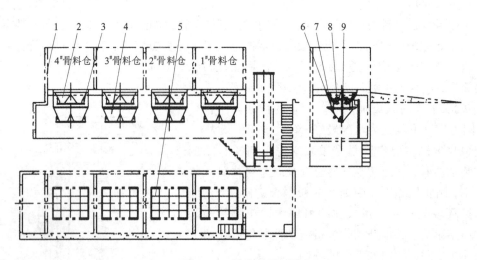

图1-6 地仓式配料站

1—混凝土储料仓；2—料斗；3—拉式传感器；4—计量斗；5—筛网；

6—震动器；7—气缸；8—储料斗门；9—计量斗门

图1-7为钢结构配料站，前板、后板、隔板、侧板和储料斗等构成钢结构配料站的骨料储料仓。

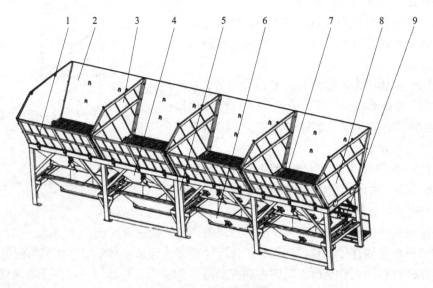

图1-7 钢结构配料站

1—前板；2—后板；3—隔板；4—储料斗；5—支架；

6—骨料计量斗；7—筛网；8—侧板；9—压式传感器

钢结构配料站上部由前板、后板、侧板和隔板构成一个四周封闭的仓，各板采用插销连接，运输时各板可以沿骨架上铰链机构放下，方便运输。仓下部设置筛网，避免大石头进入称量斗中。每一个仓下面对应一个称量斗，采用独立的秤，保证了称量的精确性。该种结构具有上料方便、下料顺畅，结构紧凑，安装快捷，运输方便的特点。配料站中仓体的数量与配制混凝土需要的砂石料种类有关，有 3 仓、4 仓和 5 仓，一般 4 仓即可满足使用需要。

水池是储存生产混凝土用水的设备，一般在进行混凝土搅拌站的安装基础施工时浇注而成，水池的供水方式和容积的大小可以根据场地情况来定。如设备需要在低温下使用，必须考虑合适的水加热方式。

外加剂罐如图 1 - 8 所示，是储存液体外加剂的罐体。随着外加剂的普遍使用，它已成为混凝土搅拌站的必备设备。罐体为圆柱形，液位显示管用来显示罐内外加剂的位置，在往外加剂罐内加料时，可防止外加剂溢出；当液位很低时，可以提醒用户及时往罐内加料。因外加剂容易沉淀，时间久了容易在罐底积成"淤泥"，需要将废料排出，在罐体底部设有卸污阀。而在使用过程中为了让液状外加剂的成分均匀，防止沉淀，在罐体上设置了回流管。外加剂泵启动后，泵出的一部分外加剂送到外加剂计量斗进行计量，另一部分又送回罐内。因泵出的外加剂有一定的压力，在罐内形成冲击，促使外加剂处于动态，从而避免了外加剂的沉淀，保持了外加剂的匀质性，有利于保证混凝土质量的稳定性。

骨料待料斗如图 1 - 9 所示，是个过渡料斗，起到暂存骨料的作用。它缩短了搅拌站工作循环时间，是搅拌站提高生产率的重要保证。因骨料在进入骨料待料斗时会有较强的冲击，在斗体 3 内部往往衬有可拆换衬板或其他耐磨机构；防尘帘 2 用于减少骨料待料斗内的粉尘外扬。骨料待料斗工作过程为气缸 6 驱动斗门 5 打开后，震动器延时动作，将骨料待料斗中的骨料快速卸尽。

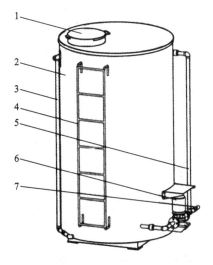

图 1 - 8　外加剂罐

1—进料口；2—罐体；3—液位显示管；4—爬梯；
5—回流管；6—外加剂泵；7—出料管

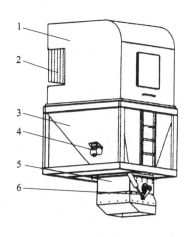

图 1 - 9　骨料待料斗

1—斗罩；2—防尘帘；3—斗体；
4—震动器；5—斗门；6—气缸

卸料斗如图 1 - 10 所示，是成品混凝土料从搅拌机卸出后，落入搅拌车前的一个过渡料斗。它起到了对成品料的暂存作用，对搅拌车来说起到了缓冲作用，并能够让搅拌机中的成品料尽快卸出。

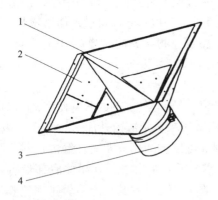

图 1 - 10　卸料斗

1—斗体；2—耐磨衬板；3—卡箍；4—橡胶管

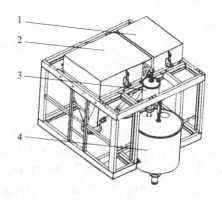

图 1 - 11　粉料、水及液体外加剂计量

1—水泥计量斗；2—粉煤灰计量斗；
3—外加剂计量斗；4—水计量斗

二、计量系统

计量系统包括骨料计量和粉料（水泥和掺合料）、水及液体外加剂计量，如图 1 - 11 所示。计量系统是搅拌设备中最关键的部分之一。其计量方式一般采用质量计量，也有采取容积计量的（但应折算成质量给定或指示），目前除水和外加剂可以采用容积计量外，其他物料都不采用容积计量。

骨料计量　骨料计量的计量方式分两种：累计计量和独立计量。骨料的累计计量装置由斗体、传感器、皮带机等组成，斗体与皮带机连成一体，当所有的骨料计量完毕后，皮带机才起动运转，将所有骨料送入提升装置（提升斗、斜皮带机）。骨料的单独计量装置由计量斗斗体、斗门、传感器、气缸等组成。

粉料计量　粉料称量由计量斗、支架、传感器、气动卸料蝶阀、红色胶管、气动球型震动器、进料口、排气管等组成。因水泥和掺合料粉尘多、污染严重、易吸水，一般要求水泥和掺合料的计量在密闭容器内进行。为使得计量系统独立，计量斗同其他部件的连接必须采用软连接，确保计量的准确性。

水计量　水计量如图 1 - 12 所示。水计量开始时水泵得到信号，水泵启动，将水池中的水抽到水计量斗。当水的重量达到预先设定的重量值时，水泵停止工作，完成计量。

液体外加剂计量　液体外加剂计量装置如图 1 - 13 所示。因外加剂有较强的腐蚀性，计量斗通常采用不锈钢制作而成。外加剂计量开始时外加剂泵得到信号，开始启动，将外加剂箱中的外加剂抽到计量斗。当外加剂的重量达到预先设定的重量值时，外加剂泵停止工作，完成计量。

三、输送系统

在混凝土搅拌站中输送系统主要包括骨料的输送和粉料的输送。骨料的输送常采用带式输送机或斗式提升机；水泥及掺合料的输送常采用螺旋输送机和气力输送。不管是骨料的输送还是水泥及掺合料的输送都应尽量减少粉尘的产生。其输送速度和效率需与系统的循环时间相匹配。

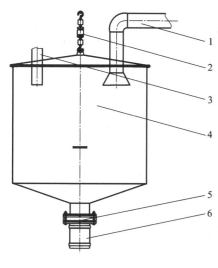

图 1-12 水计量

1—进水管；2—传感器；3—液体外加剂卸料管；
4—计量斗；5—气动卸料蝶阀；6—红色胶管

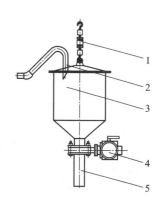

图 1-13 液体外加剂计量

1—传感器；2—液体外加剂进料；3 计量斗；
4—气动卸料蝶阀；5—液体外加剂卸料管

带式输送机在混凝土搅拌站中使用水平皮带输送机和倾斜皮带输送机来实现砂石料的水平输送和倾斜输送。其中倾斜皮带输送机在实际使用中常根据工地的情况采用各种形状的输送带，如平皮带、人字形皮带、裙边皮带等。倾斜皮带输送机工作倾角范围为 2°~60°。

水平皮带输送机基本结构如图 1-14 所示。改向滚筒用于改变输送带的运行方向或增加输送带与传动滚筒间的围包角。调节螺杆用于张紧输送带和调节输送带运行状态，使输送带运行在正常位置。托辊是用于支承输送带及输送带上所承载的物料，保证输送带稳定运行的装置。清扫器用于清扫输送带上黏附的物料。导料斗用于调整所输送物料的落料点，使它落到设定位置上。

图 1-14 水平皮带输送机

1—调节螺杆；2—改向滚筒；3—槽形托辊；4—平行下托辊；
5—输送带；6—机架；7—驱动装置；8—清扫器

倾斜皮带输送机基本结构如图 1-15 所示。张紧装置是使输送带具有足够的张力，保证输送带和传动滚筒间产生摩擦力使输送带不打滑，同时可以调整输送带长度变化所带来的影响。机罩主要起防尘、防雨作用，因起风容易将骨料中粉尘吹起，污染环境，而输送带在雨天被淋湿后，容易引起皮带打滑。斜皮带输送机两边的检修走道方便检修皮带机。急停开关是作为皮带输送机运行时的安全保护装置，设在皮带机头部和尾部，在输送带运行发生故障或事故时，可紧急停止皮带运行。

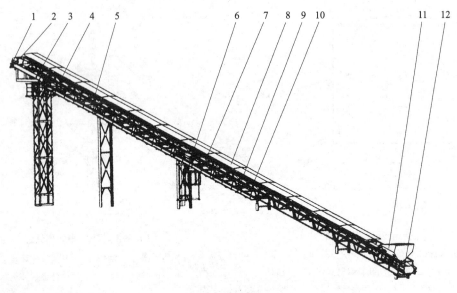

图 1－15　倾斜皮带输送机

1—清扫器；2—驱动装置；3—机架；4—悬挂式托辊；5—平行下托辊；6—改向滚筒；
7—张紧装置；8—机罩；9—检修走道；10—皮带；11—接料斗；12—调节螺杆

提升机如图 1－16 所示。在狭窄的施工场所，往混凝土搅拌站储料装置输送骨料，斗式提升机是最合适的上料设备，它占地面积小，但提升功率较大。砂石提升斗卸料主要有倾翻

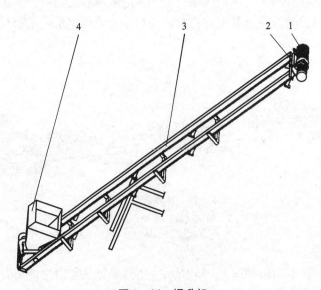

图 1－16　提升机

1—卷扬机；2—电机；3—导轨及支架；4—提升斗

式和底开门式两种，都是应用带制动卷扬机并通过滑轮组、钢丝绳而牵引，达到升降料斗的目的。提升卷扬机由一台电机驱动，料斗提升速度大都为 0.4 ~ 0.5 m/s。为了提高料斗的输送生产率，也可使用变频调速或双速电机，这样就可以选择多种工作方式：如慢速启动 - 快速提升，快速下降 - 慢速就位。

四、搅拌系统

该系统是把计量好的砂石、水泥、水、外加剂等原材料在搅拌机内进行搅拌均匀，形成达到规定强度的成品混凝土。因为混凝土配合比的设计是按细骨料恰好填满粗骨料的间隙，而水泥胶质又均匀地分布在粗细骨料的表面，所以只有将配合料搅拌得均匀才能获得最密实的混凝土。

三一搅拌主机利用了流体力学与摩擦学科研成果研制，两搅拌臂间呈 60° 分布，搅拌臂及搅拌叶片成流线型，这种独特的结构设计能实现混合料的轴向、交错和循环流动，拌和效果好，效率高。它由传动装置、轴端密封、缸体及衬板组件、润滑装置、上盖及布水管装置、卸料系统和搅拌装置这几个部分组成的，如图 1 - 17 所示。主轴完全浸没在摩擦能力很强的砂石水泥材料中。

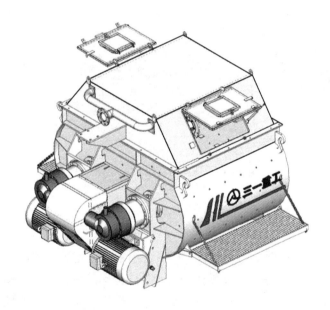

图 1 - 17　双卧轴搅拌机 JS2000

搅拌机构是搅拌机的核心部分，主要功能是将加入到搅拌机内的砂、石、水泥、水、添加剂、掺和料等材料拌和成均质混凝土，并且要求这种混凝土有良好的施工性能（和易性）。

如图 1 - 18 所示，搅拌物料在叶片的推动下，在缸体内形成一个大循环，在两轴之间，左边轴上的叶片将物料推向右边，右边轴上的叶片将物料推向左边，两轴之间形成物料的小循环。两轴之间的物料堆积较高，堆顶上的物料不断沿堆坡向下滚动，参与物料的循环。由此可见，该种搅拌机的搅拌运动是非常剧烈的，能在很短时间内拌制出合格的混凝土。

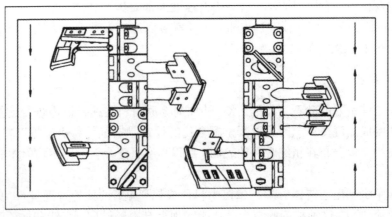

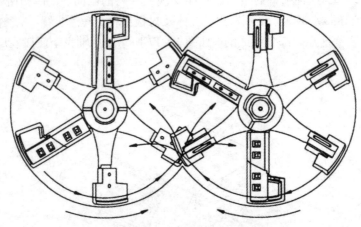

图 1-18　搅拌物料运动方向示意图

五、主楼框架

主楼框架为钢结构,如图 1-19 所示。楼顶是用来支撑包装材料的框架;楼梯及围栏是管理人员从搅拌层到计量层进行相关操作的走道;计量层是支撑水泥、掺合料、液体外加剂和水计量系统及骨料待料斗的楼层;搅拌层是支撑搅拌机及相关机构的楼层;搅拌层下部是搅拌车进出接料的通道。

主楼框架及内部其他机构安装完毕后,框架外部从搅拌层起用彩钢夹芯板进行包装,显得美观大方,并可防寒隔热。

六、控制室

控制室是搅拌站操作人员进行操作、管理的场所。如图 1-20 所示,位置可根据实际灵活布置。操作室本体由夹芯板包装,嵌塑钢门窗,内部进行精装修而成,具有保温、隔音、耐火的作用。控制室本体内部装有操作台、电控柜、显示器、监视器、空调、打印机等,操作台上有各类搅拌站的控制开关、按钮、称量仪表、电流表等;监视器显示所监视点设备的运行情况以便操作人员进行管理；支架用于支承控制室，并提供搅拌车进出通道空间；打印小票下传筒用于将混凝土出货单从控制室传递给搅拌车驾驶员。

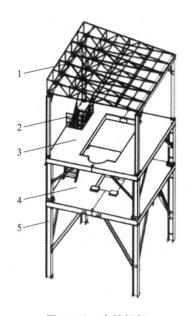

图 1 - 19　主楼框架

1—楼顶；2—楼梯及围栏；

3—计量层；4—搅拌层；5—支腿

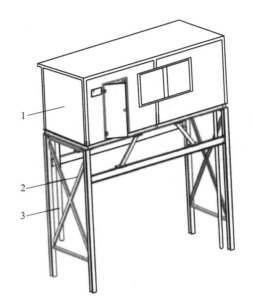

图 1 - 20　控制室及支架

1—控制室本体；2—支架；3—打印小票下传筒

七、除尘系统

除尘系统包括水泥及掺合料计量和卸料时的除尘、散装水泥车往粉料罐加料时的除尘以及斜皮带机往骨料待料斗投料时的除尘三个部分。水泥及掺合料计量、卸料时的除尘目前有布袋式除尘（如图 1 - 21）、开放式箱体除尘（如图 1 - 22）和强制式除尘等多种方式。布袋式除尘是充分利用了布袋的可伸缩性和密封性来进行工作的，布袋采用帆布制作而成，结构简单，成本低，能够有效地避免粉尘外漏，消除系统的正负压。这种方式在安装初期效果显著，时间一长，袋壁上积尘不予清理，则除尘效果就差，所以要定期清理积尘。开放式箱体除尘是利用箱体来收集粉尘，并通过箱体顶部的单向吸气口来消除搅拌机在卸料时产生的负压。强制式除尘结构较复杂，成本高，它能够有效除去水泥及掺合料计量和卸料时所产生的粉尘。但容易产生正负压，从而对水泥及掺合料计量精度产生负面影响。在使用强制式除尘时，还可以在搅拌主机的上盖处安装了一台负压阀，用于消除主机卸料时产生的负压。

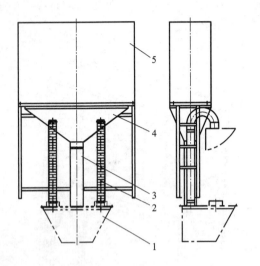

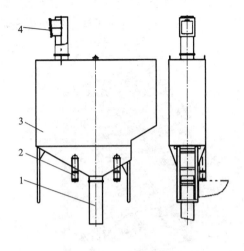

图 1-21 布袋式除尘
1—过渡料斗；2—波纹管；3—连接管；
4—帆布袋；5—帆布袋罩

图 1-22 开放式箱体除尘
1—连接管；2—胶管；3—箱体；4—单向吸气口

 项目实施

根据对 PC 搅拌站的了解，按以下要求进行信息的完善：
1. 指出标号所对应的结构名称，作用。

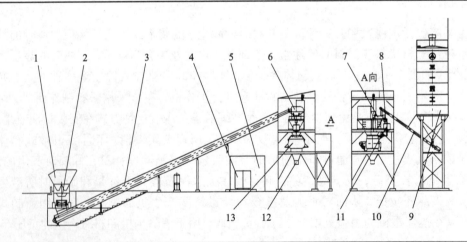

序号	名称	作用
1		
2		

3		
4		
5		
6		
7		
8		
9		
10		
11		
12		
13		

2. 根据图片所示指出箭头所指部位的名称。

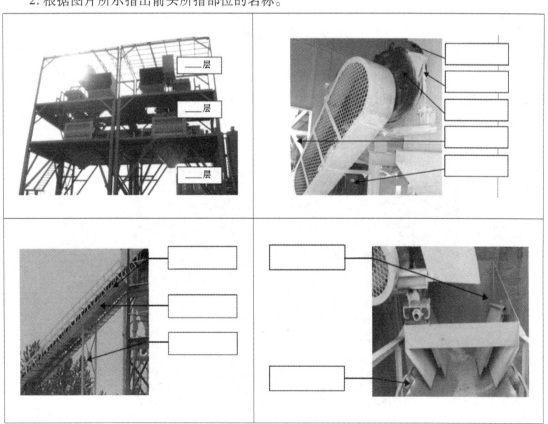

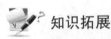

想一想 练一练

对比一下 PC 专用搅拌站和商混站的主要区别有哪些？

图 1 - 23　PC 搅拌站

图 1 - 24　商混站

知识拓展

控制室工作环境安静舒适，内部宽敞、明亮，操作符合人机界面工程，外观美观、大方。为避免搅拌机等其他设备的震动传递到控制室，影响电器元件的正常工作，在一般情况下它与主楼框架隔离。控制室按照以下步骤操作：

1. 如图 1 - 25 所示，按顺序先旋开动力柜门上的控制电源开关，再按下"空压机启动"按钮启动空压机，在操作台面板上按图 1 - 26 中"主机启动"按钮启动搅拌机，等待 6 ~ 7 s 后，再按下"传输带启动"按钮启动传输皮带；关机时按下相应的停止按钮，操作步骤与上述相反。

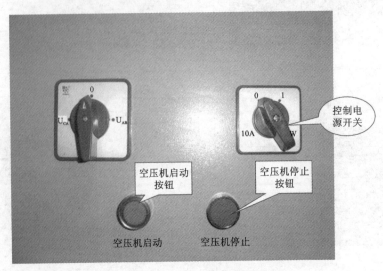

图 1 - 25　控制柜

16

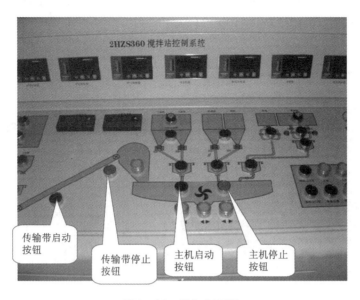

图 1-26　操作台面板

2.打开计算机主机电源和如图 1-27 的显示器电源,启动计算机,如图 1-28 双击桌面上"设备供应商"图标,启动混凝土搅拌站控制系统。

图 1-27　计算机电源

图 1-28　启动图标

3.开机和系统登录,合上动力柜里边的总电源开关和其他需要的断路器,关上柜门,旋转柜门上的电压万能转换开关,观察各相电压是否正常。将动力柜柜门上面的控制电源开关旋钮置于"ON(1)"的位置,操作台得电,操作面板上面的电源指示灯点亮,称重终端仪表上电初始化。(称重终端仪表的基本参数设置和调校请参考其说明书和调试部分的参数表)启动显示器和工控机主机,操作系统启动到桌面状态。找到生产控制的软件快捷方式图标,双击打开软件。软件在启动过程中对现场位置开关、料位开关及传感器信号进行检测和采集后,进入监控主界面,如图 1-29 所示。

要进入软件进行任何操作,必须先登录。登录用户的身份分为两种,使用管理员用户登录可以对系统各个部分的管理和使用权限进行设置;使用操作员用户登录只能执行被允许操作的项目。用鼠标点击监控界面按钮"操作员登录",在系统登录窗口(如图1-30)中输入用户名及密码。现有统一提供给用户的用户名为"a",口令默认为空,也可由用户自行设定。

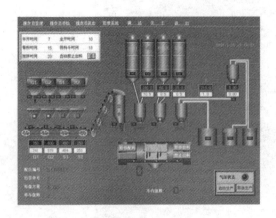

图1-29　监控主界面

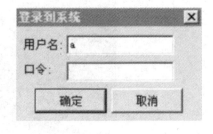

图1-30　登录界面

4. 主界面和运行要设定的参数

如图1-29,监控主界面中主要布置的是模拟生产流程和状态的动画,在画面流程的相应的位置,同时分布有用鼠标操控按钮。左上角的几个参数的意义是:

半开时间——指搅拌机自动卸料时卸料门在半开位置停留的时间。

全开时间——指搅拌机自动卸料时卸料门在全开位置停留的时间。

骨料时间——指从所有骨料从骨料秤斗卸料完毕开始,至所有骨料进入待料斗所需的时间。

待料斗时间——指待料斗卸料时,其卸料门在开门位置停留的时间。

搅拌时间——指所有物料投入搅拌机后,在搅拌机内搅拌达到品质要求所需要的时间。

项目 2　PC 生产线设备认知

 学习目标

1. 熟悉 PC 生产线的应用以及生产特点；
2. 了解 PC 生产线的组成以及各工位机械设备的作用；
3. 全面掌握 PC 生产线构件生产的基本流程。

 项目描述

　　PC 构件类型众多，结构各异，因此涉及的生产设备也就较多。如图 2-1 所示，本项目主要是对 PC 生产线设备进行认知，熟悉 PC 构件制造工艺过程，了解构件在生产中各工位设备的功能作用，具体要求如下：

1. 认知 PC 构件流水线生产的流转方式。
2. 认知生产线各设备的主要结构及功能。

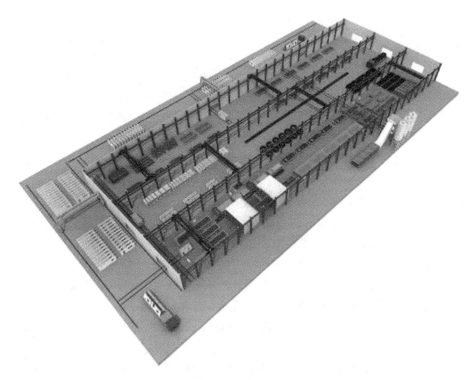

图 2-1　PC 生产线

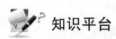项目分析

PC 生产线设备组成较多，为便于更好地认知主要设备结构，从 PC 生产线的起始工位，即模台清扫工位开始，按照预制构件的制造流程，逐步地开展主要设备的认知。即模台清扫（模台、行走轮、驱动轮）、控制室、拆布模机器人、划线机、布料机、摆渡车、预养护窑、抹光机、拉毛机、养护窑、立起机等。

表 2-1　工具、设备清单

序号	分类	名称	数量	单位	备注
1	工具	手电筒	1	个	
2		笔记本	1	个	
3		扩音器	1	个	
4	设备	PC 生产线	1	条	
5		固定模台	1	个	
6		模具	1	个	

知识平台

流水生产组织是大批大量生产的典型组织形式。在流水生产组织中，劳动对象按制订的工艺路线及生产节拍，连续不断地按顺序通过各个工位，最终形成产品的一种组织方式。其特征是：工艺过程封闭，各工序时间基本相等或成简单的倍比关系，生产节奏性强，过程连续性好。其优势在于能采用先进、高效的技术装备、能提高工人的操作熟练程度和效率，缩短生产周期，缺点是适应性差。

常见的预制构件流水线生产类型包括：

（1）环形生产线。如轨枕、管片生产线和目前新上 PC 构件生产线。前者属于单一品种、强制节拍、移动式自动化生产线，后者为多品种、柔性节拍、移动式自动化生产线。

（2）长线台座法。如预应力叠合板生产线、无砟轨道板生产线等，属于固定式机械化生产线，该类型生产线比较典型的布置形式是采用三套(或成三的倍数)长模的布置形式，在三班制作业条件下分别交替进行空模作业、浇注作业、养护。

（3）固定台座法。传统预制构件多采用该形式，手工作业较多的可按照此流水生产形式组织。

墙板构件生产车间设计尺寸为：长不少于 150 m，宽 21~24 m，行车起升高度大于 9 m，钢结构厂房，混凝土硬化地面，生产线振动台工位及养护库工位需特殊处理。

PC 构件流水线生产工艺如图 2-2 所示：

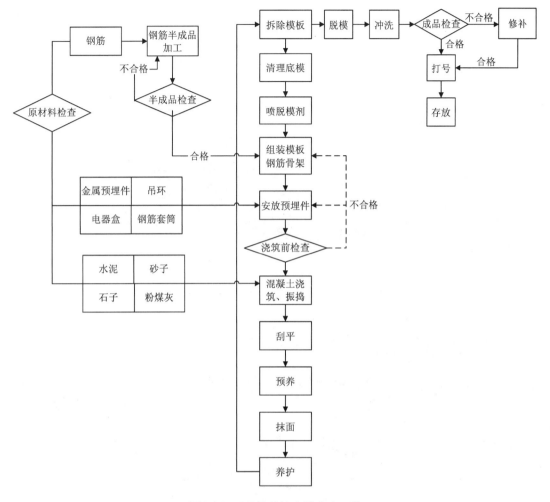

图 2 – 2　PC 构件流水线生产工艺

一、PC 生产线组成

如图 2 – 3 所示，一条自动化 PC 生产线主要由送料机构、布料机构、养护机构、流转机构以及中央控制中心等组成，具体包括模台、地面行走轮、驱动轮、感应防撞导向轮、清扫机、自动划线机、喷油机、送料机、布料机、振动台、模台横移车、振动赶平机、打磨修光机、表面拉毛机、预养护窑、养护仓、堆垛机、立起机、边模输送机、中央控制室等。

1. 模台

模台，如图 2 – 4 所示，是生产线组成的重要部分之一，分为两种：固定模台和移动模台。模台的长度和宽度可定制，一般为 9 m × 4 m，或 9 m × 4.5 m，模台面板一般采用的是 8 mm 或 10 mm 厚的钢板，框架为国标型钢，模台的单位面积承载力为 500 ~ 650 kg/m^2。模台的两边预留螺丝孔，以用来固定边模。

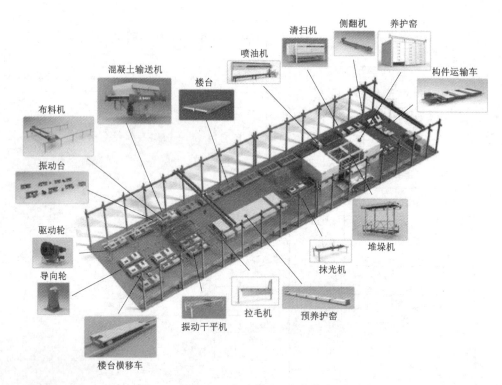

布料机
振动台
驱动轮
导向轮
混凝土输送机
楼台
喷油机
清扫机
侧翻机
养护窑
构件运输车
堆垛机
抹光机
拉毛机
预养护窑
振动干平机
楼台横移车

图 2-3 自动化 PC 生产线

图 2-4 模台

2. 模台行走轮

模台行走轮(如图 2-5 示)是形成流水线环形运转系统的支承及行走轨道,每个行走轮独立固定于地面,安装及排布尺寸参照流水线设计方案。主要用于模台的导向输送和支撑,其轮子的踏面标高为 450 mm。为保证行走轮可靠的支撑模台,要求行走轮的安装高度误差控制在 ±2 mm 以内。

图 2 - 5　模台行走轮

3. 模台驱动轮

图 2 - 6 模台驱动轮是一个提供模台在轨道上移动的动力装置,驱动轮结构是由支架、高耐磨天然橡胶轮及减速电机组成。其中高耐磨天然橡胶轮具有摩擦力大、高耐磨、使用寿命长的特点,主要用于模台的输送,其轮子的踏面标高相比模台行走轮踏面高出约 5 mm。布置时,每个工位需要分两侧间隔布置 3 个模台驱动轮。

在模台行走时,保证每个时刻至少有两个模台驱动轮作用于模台。随着驱动轮的长久使用,橡胶轮会逐步磨损,驱动轮与槽钢之间的正压力会减小,甚至出现模台仅受行走轮支撑的情况,此时模台驱动轮将出现工作实效,模台无法实现前进或后退。如图 2 - 7 所示,通过模台驱动轮上的调节装置,可在一定范围内解决此类问题。将调节装置上的螺栓拧松,压缩弹簧伸长,安装底座上抬,增大了驱动轮的离地高度,可保证驱动轮更有效地接触模台槽钢,提供更大的行走摩擦力。

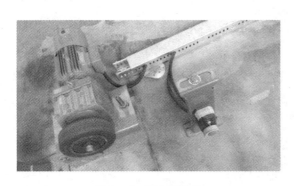

图 2 - 6　模台驱动轮

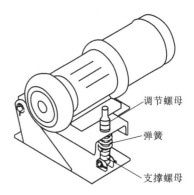

调节螺母

弹簧

支撑螺母

图 2 - 7　模台驱动轮位置调整机构

23

4. 清扫机

清扫机，如图2-8所示，具有自动清扫功能，是用来清扫模台上残留废渣的设备。它采用毛刷和滚轮清扫，使模台得到快速清洁，清理机构可自动升降，清理方式不损伤模台工作面，清理物集中收集处理，可设负压吸清除尘装置。

5. 中央控制室

如图2-9所示，中央控制室是自动化PC生产线的核心控制所在，采用基于工业以太网的控制网络，集PMS（生产管理系统）、PBIS系统、搅拌站控制系统、全景监控系统于一体，是工厂实现自动化、智能化、信息化的核心，其配套的PBIS系统借助于RFID技术可实现构件的订单、生产、仓储、发运、安装、维护等全生命周期管理。通过系统的操作，可以控制生产线上任意设备的动作，实现预制构件生产的全过程自动化。其配置的显示屏可以直观地看到各工位的生产情况，便于在出现意外情况时采取紧急措施。

图2-8　清扫机　　　　　　　　　　　图2-9　中央控制室

6. 拆布模机器人

如图2-10所示，拆布模机器人集拆模、边模输送及清理、划线、布模、边模库管理功能于一体。能够根据图纸数据，自动布模、拆模，占地面积少，运行速度快，效率高，特别适合流水线的方式生产批量构件。

图2-10　拆布模机器人

7.喷油机

如图2－11所示，喷油机是将脱模剂均匀快速地喷涂在模板表面上，以便后期构件成型硬化后顺利吊起。脱模机使用时要注意以下几点：

图2－11　喷油机

（1）每次加脱模剂前需确保无杂质、无沉淀、絮状物，过滤后再添加；

（2）即时检查喷涂是否均匀，若不均匀可能导致脱模不干净，需及时调整喷头位置、喷射压力；

（3）如停用在8 h以上，再次使用时需充分搅拌罐内脱模剂；

（4）罐内脱模剂使用完后，需加2 L清水到油罐内进行喷雾，清洗管道和喷嘴；

（5）注意油槽中脱模剂的回收，避免污染环境。

8.划线机

划线机主要负责边模、预埋件具体位置的划线，如图2－12所示。用于在底模上快速而准确画出边模、预埋件等位置，提高放置边模、预埋件准确性和速度。适用于各种规格的通用模型叠合板、墙板底模的划线。如出现网络中断警报，请重启划线机或网络设备，其他故障一般可通过点击"重启"按钮解决。设备长时间不使用需要彻底断电，必要时短时间通电运行，以保证电子元器件不受潮。

当划线机划线液不足时，需要添加划线液，具体步骤如下：

（1）关闭储料桶进气电磁阀，打开储料桶上排气球阀，放出储料桶内压缩空气；

（2）打开储料桶，添加划线液；

（3）将桶盖上密封圈与桶沿对齐，将储料桶上压紧螺母拧紧；

（4）将桶盖上调压阀压力调到最低，打开进气电磁阀并打开划线笔电磁阀，缓慢调高调压阀，直到划线针头处划线液成股流下；然后关闭划线笔电磁阀，固定调压阀调节旋钮。

图 2 - 12　划线机

9. 轨道送料机

轨道式送料机，是输送混凝土的主要设备，又称"鱼雷罐"，如图 2 - 13 所示。其用途是将搅拌站的混凝土通过轨道式送料机送到生产线上的布料机中，从而完成整个混凝土的输送过程。

图 2 - 13　轨道式送料机

轨道式送料机设有行走控制系统，位置控制系统，传感、浇捣控制系统。能进行全方位、无死角的浇注。料斗的容积与一般的混凝土搅拌机的搅拌量相匹配。

轨道式送料机设有防碰撞停车机构，系统设有的过载保护、流量控制等装置，可确保设备性能稳定、运行平稳，整机操作简单，安全可靠。

10. 布料机

布料系统的主要组成就是布料机,如图 2 - 14 所示。行走式布料机由横向移动大车、纵向移动小车、料斗系统、导流系统、集成液压系统及电气控制系统等组成。采用星形轴下料方式,下料数量实现可控并适合于多种坍落度的混凝土。布料机可采用无线便携式遥控控制器操作,使操作更加便捷,系统中设计有流量控制、相关过载保护等装置,确保整机性能稳定、安全可靠。

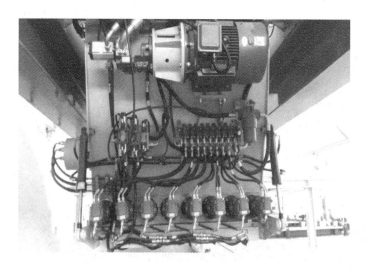

图 2 - 14 布料机

11. 振动台

振动台是混凝土成型设备,如图 2 - 15 所示,其用途是将模具中的混凝土振动振实,从而得到设计所需要的混凝土预制件。振动台具有小振幅加料预振,大幅度振实的特点。根据需要可调整振频,得到各种密度高、分布均匀、整体无缺陷的混凝土预制件。一般采用附着式振源,振源数量可选,也可根据生产要求选择振频。

图 2 - 15 振动台

12. 摆渡车

如图 2-16(a)所示，摆渡车主要用来实现模台的横向移动。由两台独立的摆渡车抬起模台行走来完成变轨工作。自动完成变轨作业，同步性，平稳性，加速与减速、对轨等，均由电脑完美控制。

(a)摆渡车实物

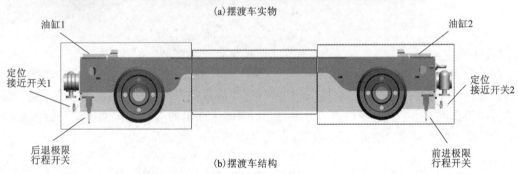

(b)摆渡车结构

图 2-16　摆渡车

如图 2-16(b)所示，模台主要由摆渡车上的顶升油缸顶起，摆渡车顶升油缸动作要求同步率大于 98%，其油路上分流集流阀压力设定为 31.5 MPa。摆渡车顶升油缸的运动速度最大不得超过 18 m/min；两摆渡车对应位置顶升油缸之间的安装中心距为 5020 mm，误差 ±20 mm；拖链、线束等在摆渡车运用过程中不会出现运动干涉，且不会产生拉拽。

13. 预养护窑

如图 2-17 所示，预养护窑有加热加湿功能，能够使混凝土在不影响强度的前提下加快凝固速度，提高生产效率。预养护仓一般有 6~7 个养护位。养护仓层高为 1000 mm，其中模台高为 310 mm；最大可生产 450 mm 厚墙体。如图 2-18 所示，预养护窑的温度根据天气不同可在 40~80℃ 之间视情况调整。

图 2 - 17 预养护窑

图 2 - 18 预养护窑温度、湿度显示板调整

14. 振动赶平机

如图 2 - 19 所示,振动赶平机是将输送来的混凝土预制件产品赶平压紧。整机工作通过近距离按钮操控,操作简单、运动平稳。主要负责把浇筑好的混凝土赶平震实,振动幅度要达到 3.5 mm。振动赶平机构是直接与预制构件表面接触的,起到振捣、夯实二次浇注的混凝土,保证构件表面平整的作用。升降机构可以根据需要上下调整赶平机构的高度位置,以适应不同厚度预制构件的生产需求。

图 2 - 19 振动赶平机

15. 抹光机

抹光机如图 2 - 20 所示,是 PC 生产线的重要生产设备,其作用是将输送来的混凝土预制件产品全方位打磨压光,用于混凝土面的磨光作业。对一些特殊场所不便于用其他表面装修时,用于内外墙板外表面的抹光。抹平头可在水平方向两自由度内移动作业。在构件初凝后将构件表面抹光,保证构件表面的光滑。横梁下表面离地距离 2100 ± 20 mm,打磨修光机抹光机构的活动范围大于 760 mm,小于 1100 mm(离地高度),以更好地适应各种尺寸构件的生产需要。

图 2 - 20　抹光机

16. 拉毛机

拉毛机,如图 2 - 21 所示,主要是给不需要磨光面的楼板拉毛,有利于现场浇筑时的结合。对叠合板构件新浇注混凝土的上表面进行拉毛处理,以保证叠合板和后浇注的地板混凝土较好地结合起来。为保障拉毛效果,拉刀安装分布均匀,刀刃方向正确,无装反现象。

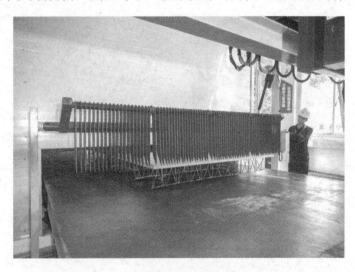

图 2 - 21　拉毛机

17. 堆垛机

如图 2 - 22 为堆垛机,它主要是用来存取养护仓中的模台,升降系统采用先进的 PLC 微电脑控制系统和三菱伺服电机编码器精准控制左右对仓,控制上下层移动。由计算机界面操作控制,可显示蒸养过程养护窑内温度、蒸养时间、报警和运行信息及各项技术参数等,操作简单,流程简洁顺畅。机器会自动识别模台,将其送入指定的仓位存放并关上仓门,具有全自动送入和取出功能。最大提升高度一般不低于 5.95 m,模台存取机最高可起重 20 t。

图 2 - 22 堆垛机

16. 养护窑

如图 2 - 23 所示,养护窑为两个独立、保温密闭的空间,内部温度保持在50℃左右,可用蒸汽管加热,也可用电加热,养护房共设7层,42个仓位,其中有40个可用仓位,另2个仓位为通道仓位。根据生产的实际需要,可以调整养护房层数、通道仓位数、养护窑主要有加热加湿功能,能够使混凝土在不影响强度的前提下加快凝固速度,提高生产效率。养护窑内的温度一般控制在 50 ~ 60℃之间,PC 构件进养护窑 8 h 后能达到混凝土设计强度的80%,就可以出窑拆模起吊,运到外场静养。

图 2 - 23 养护窑

18. 立起机

立起机,如图 2 - 24 所示,主要用于将模台立起脱模,以快速起吊模台上的预制构件,在生产竖向构件如墙板的时候会用到。立起机由液压系统和机械构架两大部分组成,其模台脱模采用双缸液压顶升侧立方式,并带有安全保护系统。两液压缸顶升过程同步率可达99%,具有结构紧凑,升降速度稳定、安全可靠,操作方便等特点。

图 2 - 24　立起机

 项目实施

分批次进入 PC 工厂，根据预制构件生产工艺流程，参考表 2 - 2 格式，逐步对生产线各设备进行认知，本项目中未介绍全面的其他设备亦可补充完善，利用手机(相机)做好记录，并完善下表信息(可加行拓展)。

表 2 - 2　项目实施清单

序号	设备名	功能	位置描述	照片
例子	清扫机	用来清扫模台上残留废渣，并强制回收在清扫过程中产生的风尘，保护工作环境	起始工位，位于立起工位和喷油工位之间	
1				
2				
3				
4				
5				

想一想 练一练

1. 根据构件的生产工艺流程,简要绘制预制构件(内墙板)的生产流程图?
2. 生产线上哪些设备既有自动模式,又有手动模式?

知识拓展

PC 生产基地四种基本类型:

1. 实验性基地:如图 2 - 25 所示,以实验性、微量产能,以承担政策向导、科研课题或少量产能为目的,投入 1 条 PC 生产线 + 少量配套设备,搅拌站为可选设备。车间占地面积:3000 m²,含 1 条简易流水线和 1 套钢筋加工设备(调直切断、弯曲机)配套:混凝土提升装置,搅拌车供料。

2. 经济型基地:如图 2 - 26 所示,因土地有限或未来产能预测,建设 1 条综合流水线 + 1 条固定模台生产线 + 配套 1 条钢筋生产线;配置 1 套专用 PC 搅拌站。

车间占地面积:9720 m²,含 1 条多功能流水线、1 条固定模台生产线和 1 套钢筋加工设备(调直切断、弯曲机、桁架焊接机)。

配套:混凝土搅拌站,占地面积约 2000 m²。

3. 标准型基地:如图 2 - 27 所示,具备较大的产能,建设 2 条综合流水线 + 1 条固定模台生产线 + 配套 1 条钢筋生产线,配置 1 套专用搅拌站。车间占地面积:19488 m²,含 2 条多功能流水线、1 条固定模台生产线和 1 套钢筋加工设备(调直切断、弯曲机、桁架焊接机等)

配套:混凝土搅拌站,占地面积约 2000 m²。

4. 综合型基地:如图 2 - 28 所示,以大型集团公司战略布局为主,项目充足,产能饱和。建设 4 条生产线 + 1 条固定模台生产线 + 1 条钢筋生产线,配置 2 套专用搅拌站。车间占地面积:32625 m²,含 2 条 PC 多功能流水线、1 条长线模台生产线,1 条双皮墙流水线,1 个固定模台生产线和 1 套钢筋加工设备(调直切断、弯曲机、桁架焊接机等)

配套:混凝土搅拌站,占地面积约 4000 m²。

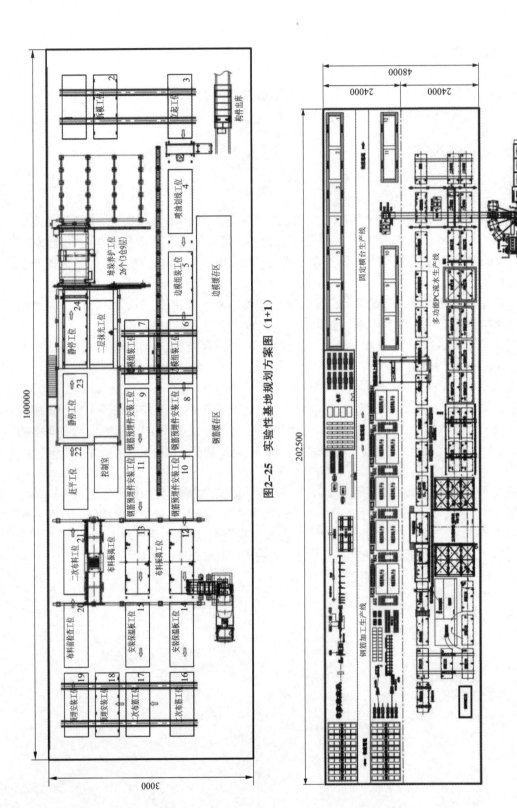

图2-25 实验性基地规划方案图 (1+1)

图2-26 经济型基地规划方案图 (1+1+1)

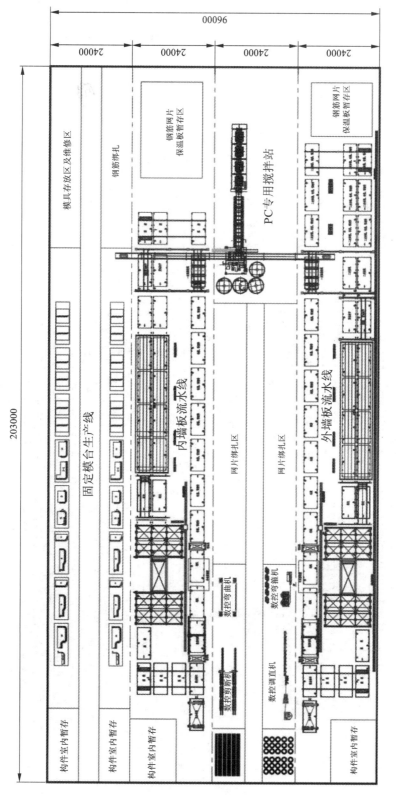

图2-27　标准型基地规划方案图（2+1+1）

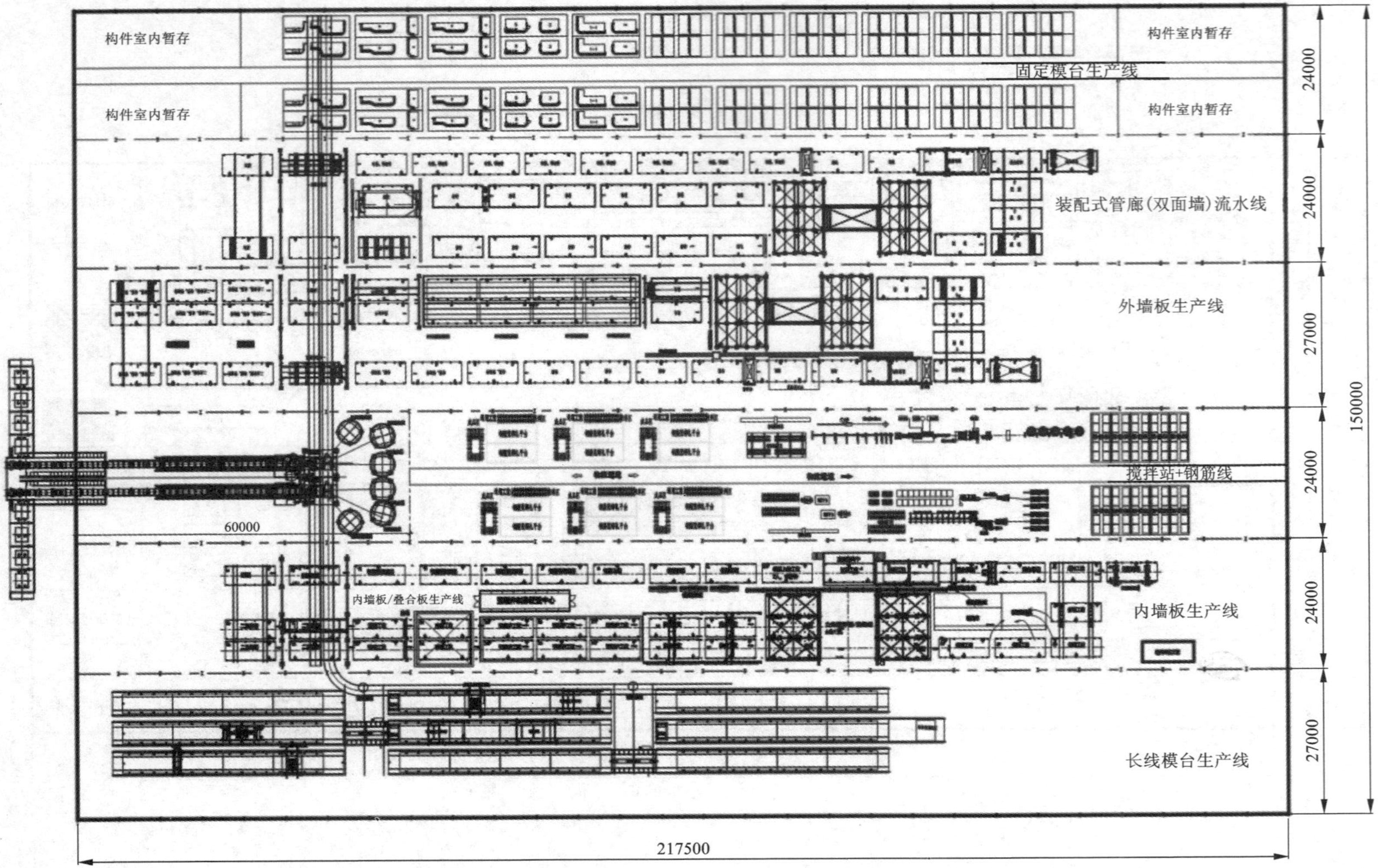

图2-28 综合性基地规划方案图 (4+1+1)

项目 3　钢筋加工设备认知

 学习目标

1. 了解钢筋线的设备组成；
2. 掌握各钢筋设备的主要功能；
3. 能够根据加工要求，正确地选择钢筋加工设备。

 项目描述

成套钢筋设备，如图 3-1 所示，是 PC 生产车间必不可少的组成部分，用于各类构件生产过程中不同形式钢筋需求的下料加工，本项目需要到 PC 工厂，认知各种钢筋加工设备，了解其工作原理以及功能，能够根据钢筋的下料需求正确地选择合适的钢筋设备。并能正确地指出以下成套钢筋加工设备的各部分机构名称、作用。

图 3-1　成套钢筋设备

 项目分析

钢筋加工设备种类较多，功能各不相同，可结合各类不同预制构件制作中所需要的各类型钢筋网片、钢筋笼等下料需求来进行认知。主要包括钢筋的拉直、剪断、折弯、焊接等。

表 3-1　工具、设备清单

序号	分类	名称	数量	单位	备注
1		手电筒	1	个	
2	工具	笔记本	1	个	
3		扩音器	1	个	

续表 3-1

序号	分类	名称	数量	单位	备注
4	设备	弯曲机	1	条	
5		剪断机	1	个	
6		折弯机	1	个	
7		桁架机	1	个	

 知识平台

我国现行钢筋混凝土用钢标准中，对热轧建筑钢筋仅设置 300 MPa、400 MPa 和 500 MPa 三种强度等级。这意味着，工厂化加工配送企业需购进并加工的钢筋种类主要为以下 9 种：HPB215 高线、HPB300 高线、Q300 热轧圆钢、HRB400（E）/500（E）盘螺、HRB400（E）/500（E）/600（E）螺纹钢和 CRB550 冷轧带肋钢筋。

钢筋加工设备是将盘条或直条钢筋加工预制构件按生产过程中所需要的长度尺寸、弯曲形状进行加工，或者安装组件，如图 3-2 所示，功能主要包括钢筋的强化、调直、弯箍、切断、弯曲、组件成形和钢筋续接等。

图 3-2 弯箍钢筋

其中钢筋组件现有的主要是桁架（如图 3-3 所示）、钢筋网、钢筋笼等。

成套钢筋设备的主要技术参数如表 3-2 所示，能适应直径 6~12 mm 的钢筋，具备故障报警及自动诊断功能，焊接头水冷，保证设备安全连续生产，能与电脑控制、生产管理系统共享互联、同步控制，专业焊接控制器，可存储多种焊接规范，参数调整方便、快捷，全集成控制，手动触摸操作，设置生产任务后，一键启动生产。如图 3-4 所示，成套钢筋设备可生产各种钢筋网线，网片横、纵筋动作全伺服控制，调直、定位、送给精度稳定可靠，可配备抓网机械手，与 PC 生产线深度融合，能生产标准、非标网片，网片一次成型无手工修整，增加钢筋利用率。

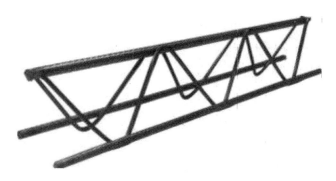

图3-3　钢筋桁架

表3-2　主要技术参数

焊接网片种类	标准网片、非标网(带门缺口的网片)
钢筋自动布料	纵筋、横筋(原材料盘料即可)
纵筋间距	间距最小100 mm，以50 mm递增
横筋间距	≥50 mm
网片宽度	50～3300 mm
网片长度	700～4500 mm
钢筋直径范围	6～12 mm
焊点	32位，64个焊点
平均生产速度	≤6 min/张
网片数据输入	DXF格式(CAD)
焊接变压器	200×2 kVA
清理单件工作尺寸(长×宽×高)	25000 mm×8600 mm×2500 mm
设备重量	30 t
操作方式	触摸屏

钢筋加工设备按加工工艺分强化、成形、焊接、预应力四类机械；一般PC工厂接触的主要是成形机械和焊接机械。

钢筋成形机械：钢筋矫直切断机、钢筋切断机、钢筋弯箍机等。

钢筋焊接机械：钢筋桁架生产线、钢筋网片机、钢筋笼焊机等。

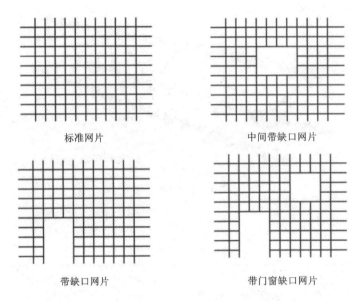

标准网片　　　　　　　　　　中间带缺口网片

带缺口网片　　　　　　　　　　带门窗缺口网片

图 3 - 4　钢筋网片

一、放线部分

1. 放线设备

放线设备常见的有两种，旋转放线(如图 3 - 5 所示)和炮塔式放线(如图 3 - 6 所示)。旋转放线为主动放线方式，减小钢筋送进阻力，延长步进轮使用寿命，但是通过放线架的钢筋纵肋无法保证不扭曲。炮塔式放线可以有效释放钢筋的扭曲力，配合特制的调直轮可以有效实现钢筋纵肋，但是体积较大，相对空间的占用较多。

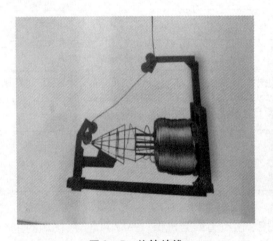

图 3 - 5　旋转放线

图 3 - 6　炮塔式放线

2. 桁架机放线架

如图 3 – 7 所示，桁架机放线主要由底座、放线架、导辊及制动装置组成。其主要特点是容线量大，放线平稳，制动装置能有效控制钢筋的无序旋转造成的钢筋散乱。在开机前要求检查刹车气缸松开状态，要确定放线架可以自由旋转，刹车气缸可以有效刹车，弹簧可以自由活动，梳线轮在高度方向成直线，高低位置要保证钢筋可以顺利通过，同时检查传感器的位置，一般为弹簧压缩量的 15 ~ 20 mm 为最佳。

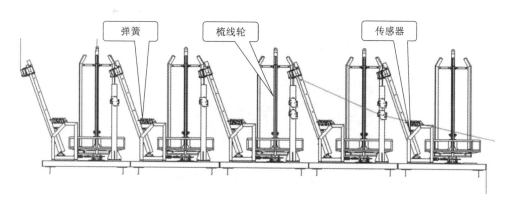

图 3 – 7 桁架机放线架

二、矫直部分

矫直机构分为辊轮式矫直方式和回转箍式矫直方式两类。

如图 3 – 8 所示，辊轮式矫直方式通过调整矫直轮压紧钢筋的不同程度来矫直钢筋，可减少对钢筋表面的损伤。如图 3 – 9 所示，回转箍式通过旋转回转箍，然后调整矫直轮的压紧量实现矫直钢筋，对钢筋有轻微伤害，但调直效果相对好些，主要是占用空间较小。根据纵丝直径的大小，通过调整螺丝来调整滑块在导向槽中上下滑动，从而改变压丝深度，达到钢丝的变形应力，使其变形，达到矫直效果。

图 3 – 8 辊轮式矫直

图 3 – 9 回转箍式矫直

三、牵引机构

1.送丝机构

送丝机构包括送丝轮和压轮两部分,如图3-10所示。送丝轮一般由特殊磨具钢材加工而成,主要是为了耐磨,减少轮上齿形的磨损量。压轮的作用是让被牵引的钢筋贴在送丝轮上,耐磨性没有送丝轮高,一般会采用合金钢40Cr或者45#钢淬火处理即可。

图3-10 送丝轮

2.桁架机储料送丝机构

桁架机储料送丝机构如图3-11所示,运行速度高,操作人员劳动强度小,生产效率高。储料架可减轻步进机构的负荷使桁架成品尺寸更加精确、误差减小。它主要由储料仓、接触开关、定位穿丝管、底架等组成。钢筋经过矫直、牵引之后,通过与牵引机构导向管相对的定位穿丝管、限位辊,使纵筋丝成椭圆形存储在储料架内,每根纵筋丝都有独立的控制开关。如图3-12所示,当桁架向前步进时,储料架内钢筋形成的椭圆变小,接触到后面的开关后送丝压紧轮抬起,送丝机构及时向前送丝,储料架内钢筋形成的椭圆又增大,当增大到一定程度时又接触到前面的开关,此时送丝压紧轮落下,送丝机构停止送丝。

图3-11 储料架钢筋的上限位置

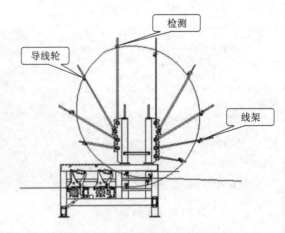

图3-12 储料架钢筋的上限位置

四、成形机构

如图 3 – 13 所示，成形机构的主要动作包括摆杆打弯和扭转成形。摆杆打弯是通过伺服电机、连杆和齿轮组实现对腹筋的精确打弯，以确保每个节距尺寸相等。扭转成形是通过伺服电机和减速机（减速机构降速增扭）带动扭曲打头实现。

图 3 – 13　成形机构

五、焊接机构

焊接机构主要包括焊接部分、定位压紧、上焊接电极高度可调机构和各种电磁阀等。焊接部分是由底架、导向支撑座、活动焊接座、焊接变压器、上下焊接导线、上下焊接气缸，上下电极座，电极头等组成。如图 3 – 14 所示，定位压紧结构包括上压紧定位和下压紧定位。上压紧定位主要包括上压紧双杆气缸和压件；下压紧定位主要包括定位气缸、气缸连杆、转轴、压杆和压块等。特点是配有两个焊接变压器，共 200 × 2 kVA，可以确保每个焊点的牢固

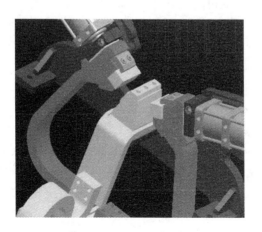

图 3 – 14　定位压紧结构

可靠,并且一次同时焊接4个焊点,完成一个步距的焊接。焊接电极可以以换边、修磨的方式重复使用,降低使用成本。

为保障桁架的生产符合需求,部分焊接结构需要做出以下调试。

(一)上焊机高度调试

根据任务单桁架所需桁架高度把上焊接通过面板上的升降按钮点动驱动,然后测量上导线座中心到下支撑座的高度,这个距离 $H = h - 2$,或者测量上滑道到下滑道的高度 $H_1 = h + 3$。

(二)腹筋定位机构调试

如图3-15所示,要保证两侧的定位必须对称,同侧定位之间的中心距离为200 mm,尽量保证同侧的两个定位到焊接气缸的中心距相等,距离为100 mm,这样才能保证焊点的位置在焊接电极的中间,保证两侧的定位工作时都和腹筋的波谷紧密贴死。检查方法为最前端的轴承为不能旋转为最佳,保证两侧的定位在气缸收回的时候能够翘起,不得妨碍腹筋的通过。

(三)焊接电极的调试

1. 焊接气缸为桁架焊接的关键部件,如图3-16所示,通过调整固定螺栓保证两个相对的焊接气缸中线对称,让两个电极对面所呈的角度相比所生产桁架腹筋的角度略小,避免焊接气缸时把上弦筋挤出,从而可以更好地保证焊接质量。

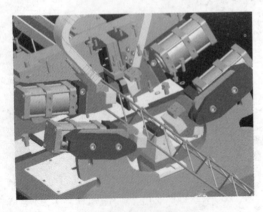 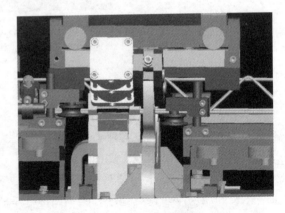

图3-15　腹筋定位机构　　　　　　　图3-16　焊接气缸

2. 调节电极固定座,使电极到钢筋的距离为20~25 mm为最佳。

3. 测量同侧两个电极块的中心距离,保证为300 mm。

4. 四个定位导向轮控制下弦筋的高低位置,通过调节控制下弦筋的焊点。

六、剪切机构

剪切机构如图3-17所示,按动力源分为液压剪切和机械剪切,按刀口分为对刀和错位刀口。液压剪切因为液压缸和阀组有延时,剪切精度有影响,但剪切力大,柔性剪切对机械部分损伤较小。机械剪切则大多以连杆或曲柄形式增加扭矩,速度快,但剪切力不方便调整。

图 3 – 17 剪切机构

在设备启用前对刀要检查刀口的距离，原则上钢筋剪 2/3 就可以了，但一般刀口越小越好，不得有对刀现象。

七、码垛机构

如图 3 – 18 所示，码垛机构由机架和分拣机构组成，可实现对桁架的自动码垛、堆放。矫直定尺或者锯切（剪切）实现不同长度和不同直径的分类。

图 3 – 18 码垛机构

 项目实施

如图 3 – 19 所示，是某项目一构件的配筋图，请分析需要的钢筋形状、尺寸、数量等，完善列表 3 – 3，并分析这些钢筋选取的加工设备是哪些？表可添加行。

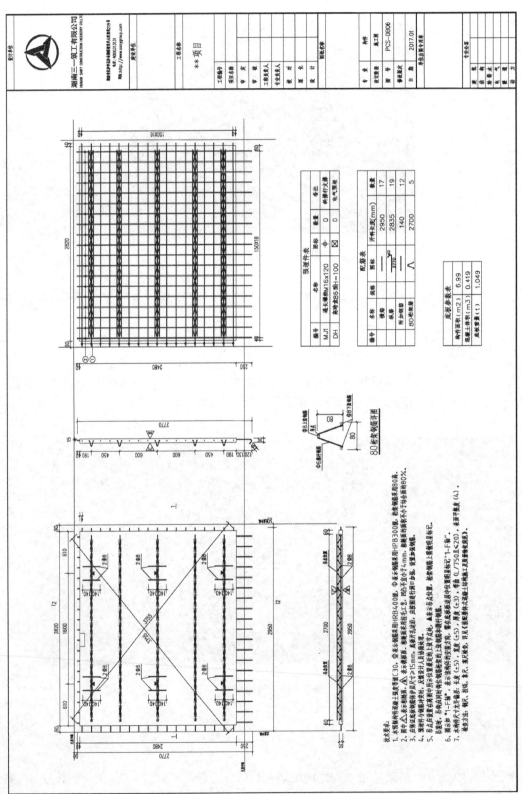

图3-19 构件配筋图

表 3 – 3 下料钢筋信息表

序号	钢筋类型	尺寸	数量	加工设备

🖳 知识拓展

为便于钢筋数据的存储及调用，提高工厂化钢筋下料的运作效率，部分企业开发了数字化的管理平台，如三一筑工科技有限公司自主研发的 MES 产品系列，如图 3 – 20 所示，配置有 SPCI – RMES 钢筋生产管理系统，系统包括参数设置、图库管理（如图 3 – 21 所示）、箍筋下单（如图 3 – 22 所示）、箍筋生产（如图 3 – 23 所示）等模块，极大地方便钢筋的下料，能更好地适应不同类型构件所需钢筋下料的需要，高效、准确，信息可保留。

图 3 – 20 三一筑工 MES 系统

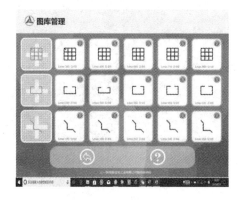

图 3 – 21 图库管理

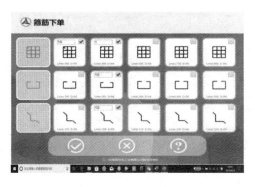

图 3 – 22 箍筋下单

图 3 – 23 箍筋生产

模块二
水平构件预制

混凝土结构水平预制构件主要包括预制叠合楼板及预制叠合梁。

生产叠合楼板时设置有桁架钢筋，使预制板与现浇板有效连接；同时，将预制板叠合面处理成粗糙面，增加抗剪力，使现浇混凝土与预制部分更加有效地黏接。

混凝土叠合梁由现浇和预制两部分组成。预制部分由工厂生产完成，运送到施工现场进行安装，再在叠合面上与叠合板共同浇筑上层混凝土，使其形成连续整体构件。

项目4　叠合楼板预制

 学习目标

1. 掌握叠合楼板构成；
2. 掌握叠合楼板的配筋标准及识图；
3. 掌握叠合楼板的制作流程及质检方法。

 项目描述

构件生产厂技术员李某接到某工程预制钢筋混凝土叠合板的生产任务，其中一块双向受力叠合板用底板选自标准图集《桁架钢筋混凝土叠合板（60 mm 厚底板）》（15G366—1），编号为 DBS2 - 67 - 3012 - 11，如图 4 - 1 所示。

该板所属工程为政府保障性住房，工程采用装配整体式混凝土剪力墙结构体系，预制构件包括：预制夹心外墙、预制内墙、预制叠合楼板、预制楼梯、预制阳台板以及预制空调板。该工程地上 11 层，地下 1 层，标准层层高 2800 mm，抗震设防烈度 7 度，结构抗震等级三级。叠合板底板 DBS2 - 67 - 3012 - 11 板厚 60 mm，混凝土设计强度等级为 C30，使用标号为 42.5 的普通水泥，设计配合比为 1∶1.4∶2.6∶0.55（其中水泥用量为 429 kg），现场砂含水率为 2%，石子含水率为 3%。

李某现需结合标准图集中叠合板 DBS2 - 67 - 3012 - 11 的配筋图及工程结构特点，指导工人进行构件预制。

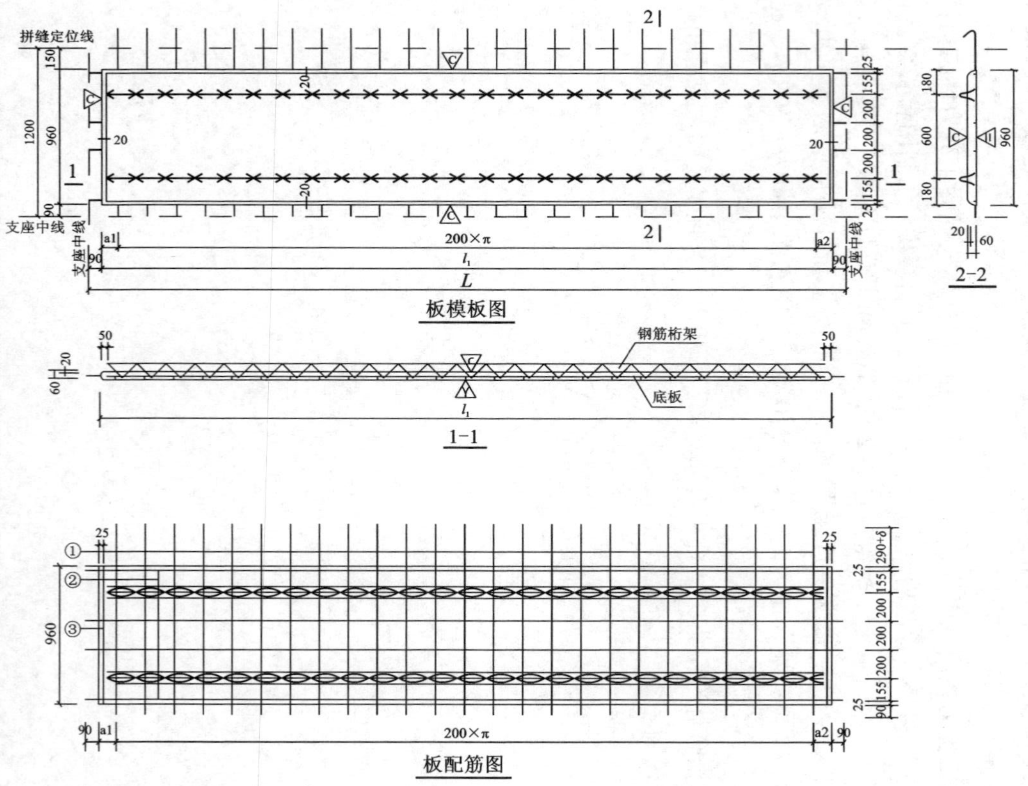

底板参数表

底板编号 (X代表1、3)	l_t(mm)	a1(mm)	a2(mm)	n	桁架型号编号	长度(mm)	重量(kg)	混凝土体积(m)	底板自重(t)
DBSI-67-3012-XI	2820	130	90	13	A80	3020	4.79	0.162	0.406
DBSI-68-3012-XI			40		A90		4.87	0.180	0.449
DBSI-67-3312-XI	3120	80	40	15	A80	2720	5.32	0.197	0.493
DBSI-68-3312-XI		130	90	16	A90	3320	5.40	0.214	0.535
DBSI-68-3612-XI	3420	130	40	18	A80	3620	5.85	0.232	0.579
DBSI-67-3912-XI		80	90	19	A90	3920	5.94	0.249	0.622
DBSI-68-3912-XI	3720	130	40	21	B80	4220	7.18	0.266	0.665
DBSI-67-4212-XI	4020	80	90	22	B80	4520	7.28	0.283	0.708
DBSI-68-4212-XI	4320	130	40	24	B80	4820	7.77	0.301	0.752
DBSI-67-4512-XI	4620	80	90	25	B80	5120	7.88	0.318	0.795
DBSI-68-4512-XI	4920	130	40	27	B80	5420	8.37	0.335	0.838
DBSI-67-4812-XI	5220	80	90		B90	5720	8.48		
DBSI-68-4812-XI	5520	130	40		B90		8.96		
DBSI-67-5112-XI	5820	80	90		B90		9.09		
DBSI-68-5112-XI					B90		9.55		
DBSI-68-5412-XI					B90		9.69		
DBSI-67-5712-XI					B90		10.15		
DBSI-68-5712-XI					B90		10.29		
DBSI-67-6012-XI					B90		10.74		
DBSI-68-6012-XI					B90		10.90		
					B90		11.33		
					B90		11.50		

底板配筋表

底板编号 (X代表2、8)	①规格	①加工尺寸	②根数	②规格	②加工尺寸	③规格	③加工尺寸	③根数
DBSI-6X-3012-1I	φ8	1340+δ	14	φ8 φ10	3000	φ6	910	2
DBSI-6X-3012-3I	φ8	1340+δ		φ8 φ10		φ6	910	2
DBSI-6X-3312-1I	φ8	1340+δ	16	φ8 φ10	3000	φ6	910	2
DBSI-6X-3312-3I	φ8	1340+δ		φ8 φ10		φ6	910	2
DBSI-6X-3612-1I	φ8	1340+δ	17	φ8 φ10	3000	φ6	910	2
DBSI-6X-3612-3I	φ8	1340+δ		φ8 φ10		φ6	910	2
DBSI-6X-3912-1I	φ8	1340+δ	19	φ8 φ10	3000	φ6	910	2
DBSI-6X-3912-3I	φ8	1340+δ		φ8 φ10		φ6	910	2
DBSI-6X-4212-1I	φ8	1340+δ	20	φ8 φ10	3000	φ6	910	2
DBSI-6X-4212-3I	φ8	1340+δ		φ8 φ10		φ6	910	2
DBSI-6X-4512-1I	φ8	1340+δ	22	φ8 φ10	3000	φ6	910	2
DBSI-6X-4512-3I	φ8	1340+δ		φ8 φ10		φ6	910	2
DBSI-6X-4812-1I	φ8	1340+δ	22	φ8 φ10	3000	φ6	910	2
DBSI-6X-4812-3I	φ8	1340+δ		φ8 φ10		φ6	910	2
DBSI-6X-5112-1I	φ8	1340+δ	25	φ8 φ10	3000	φ6	910	2
DBSI-6X-5112-3I	φ8	1340+δ		φ8 φ10		φ6	910	2
DBSI-6X-5412-1I	φ8	1340+δ	26	φ8 φ10	3000	φ6	910	2
DBSI-6X-5412-3I	φ8	1340+δ		φ8 φ10		φ6	910	2
DBSI-6X-5712-1I	φ8	1340+δ	28	φ8 φ10	3000	φ6	910	2
DBSI-6X-5712-3I	φ8	1340+δ		φ8 φ10		φ6	910	2
DBSI-6X-6012-1I	φ8	1340+δ	29	φ8 φ10	3000	φ6	910	2
DBSI-6X-6012-3I	φ8	1340+δ		φ8 φ10		φ6	910	2

板模板图

板配筋图

1—1

2—2

钢筋桁架

底板

图4-1 叠合板图集（15G366—1）

 项目分析

一、叠合楼板定义

叠合楼板是预制和现浇混凝土相结合的一种结构形式，如图 4-2 所示。预制叠合板与上部现浇混凝土层结合成为一个整体。叠合板的表面用作现浇混凝土层的底模，不必为现浇层支撑模板。叠合板底面光滑平整，板缝经处理后，顶棚可以不再抹灰。

这种叠合楼板具有现浇楼板的整体性、刚度大、抗裂性好、不增加钢筋消耗、节约模板等优点。由于现浇楼板不需支模，还有大块预制混凝土隔墙板可在结构施工阶段同时吊装，从而可提前插入装修工程，缩短整个工程的工期。

适用范围：各类房屋中的楼盖结构，特别适用于住宅及各类公共建筑。

图 4-2　叠合楼板

二、预制混凝土叠合板分类

1. 按照叠合楼板的构成形态分为桁架钢筋混凝土叠合板和预制带肋底板混凝土叠合楼板。

（1）桁架钢筋混凝土叠合板

如图 4-3 所示，桁架钢筋混凝土叠合板下部为预制混凝土板，外露部分为桁架钢筋。叠合楼板在工地安装到位后要进行二次浇注，从而成为整体实心楼板。

（2）预制带肋底板混凝土叠合楼板

如图 4-4 所示，预制带肋底板混凝土叠合楼板是一种预应力带肋混凝土叠合楼板（PK板），此种楼板由于设置了板肋，使得预制构件在运输及施工过程中不易折断，具有整体性、抗裂性好、刚度大、承载力高等优点。

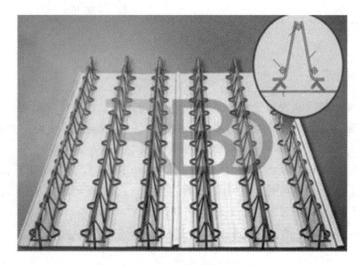

图 4 - 3　桁架钢筋混凝土叠合板

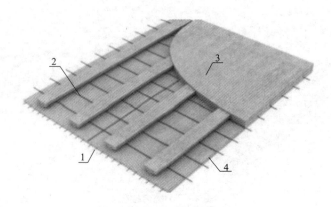

图 4 - 4　预制带肋叠合板

2.按叠合板的受力形式分为单向板和双向板。

单向板：当板的长短边之比大于或等于 3 时，板基本上沿短边方向受力，称为单向板。

双向板：四边支承的长方形的板，如长跨与短跨之比相差不大，其比值小于 2 时称之为双向板，其比值大于 2 小于 3 时，宜按双向板设计。在荷载作用下，将在纵横两个方向产生弯矩，沿两个垂直方向配置受力钢筋。

三、叠合板的识图与配筋

1.桁架钢筋混凝土叠合板用底板（单向板）

（1）桁架钢筋混凝土叠合板用底板（单向板）的编号及各字母、数字含义如图 4 - 5 所示。

（2）单向板底板宽度、跨度及钢筋编号。

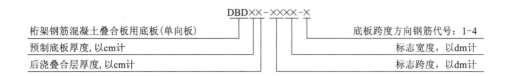

图 4-5　单向板的编号

表 4-1　单向板底板宽度及跨度表

宽度	标志宽度/mm	1200	1500	1800	2000	2400	
	实际宽度/mm	1200	1500	1800	2000	2400	
跨度	标志跨度/mm	2700	3000	3300	3600	3900	4200
	实际跨度/mm	2520	2820	3120	3420	3720	4020

表 4-2　单向板底板钢筋编号表

代号	1	2	3	4
受力钢筋规格及间距	C8@200	C8@150	C10@200	C10@150
分布钢筋规格及间距	C6@200	C6@200	C6@200	C6@200

根据表 4-1、表 4-2，底板编号 DBD67-3620-2 的含义表示如下：

单向受力叠合板用底板，预制底板厚度为 60 mm，后浇叠合层厚度为 70 mm，预制底板的标志跨度为 3600 mm，预制底板的标志宽度为 2000 mm，底板跨度方向配筋为 C8@150。

2. 桁架钢筋混凝土叠合板用底板(双向板)

(1)桁架钢筋混凝土叠合板用底板(双向板)的编号及各字母、数字含义如图 4-6 所示。

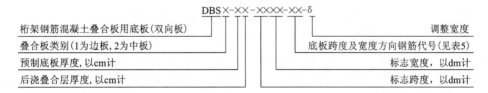

图 4-6　双向板的编号

（2）双向板底板宽度、跨度及钢筋编号。

表4-3　双向板底板宽度及跨度表

宽度	标志宽度/mm	1200	1500	1800	2000	2400	
	边板实际宽度/mm	960	1260	1560	1760	2160	
	中板实际宽度/mm	900	1200	1500	1700	2100	
跨度	标志跨度/mm	3000	3300	3600	3900	4200	4500
	实际跨度/mm	2820	3120	3420	3720	4020	4320
	标志跨度/mm	4800	5100	5400	5700	6000	
	实际跨度/mm	4620	4920	5220	5520	5820	

表4-4　双向板底板跨度、宽度方向钢筋代号组合表

跨度方向钢筋 宽度方向钢筋	C8@200	C8@150	C10@200	C10@150
C8@200	11	21	31	41
C8@150	—	22	32	42
C8@100	—	—	—	43

根据表4-3、表4-4，底板编号 DBS1-67-3620-31 的含义表示如下：

双向受力叠合板用底板，拼装位置为边板，预制底板厚度为 60 mm，后浇叠合层厚度为 70 mm，预制底板的标志跨度为 3600 mm，预制底板的标志宽度为 2000 mm，底板跨度方向钢筋为 C10@200，底板宽度方向钢筋为 C8@200。

四、叠合板编号

所有叠合板板块应逐一编号，相同编号的板块可择其一做集中标注，其他仅注写置于圆圈内的板编号。

叠合板编号，由叠合板代号和序号组成，表达形式见表4-5。

表4-5　叠合板代号和序号

叠合板类型	代号	序号
叠合楼面板	DLB	××
叠合屋面板	DWB	××
叠合悬挑板	DXB	××

如：DLB3，表示楼板为叠合板，序号为3；

DWB2，表示屋面板为叠合板，序号为2；

DXB1，表示悬挑板为叠合板，序号为1。

五、预制底板平面布置图标注

预制底板平面布置图中需要标注叠合板编号、预制底板编号、各块预制底板尺寸和定位。

预制底板为单向板时，需标注板边调节缝和定位；

预制底板为双向板时还应标注尺寸和定位；

当板面标高不同时，标注底板标高高差，下降为负(－)。

六、预制底板表

预制底板表中需要标明编号、板块内的预制底板编号及其与叠合板编号的对应关系、所在楼层、构件重量和数量、构件详图页码(自行设计构件为图号)、构件设计补充内容(线盒、留洞位置等)。

七、钢筋桁架剖面图

如图4－7钢筋桁架剖面图所示，桁架钢筋由上弦钢筋、下弦钢筋及腹杆钢筋组成。下弦钢筋的间距为80 mm，桁架设计高度根据桁架的规格各有不同。

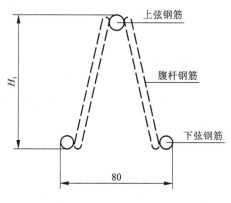

图4－7　钢筋桁架剖面图

八、钢筋桁架代号及规格

不同的桁架规格代号，其对应的上弦钢筋公称直径、下弦钢筋公称直径、腹杆钢筋公称直径、桁架设计高度及桁架每延米理论重量如表4－6所示。

表4－6　钢筋桁架代号及规格

桁架规格代号	上弦钢筋公称直径/mm	下弦钢筋公称直径/mm	腹杆钢筋公称直径/mm	桁架设计高度/mm	桁架每延米理论重量/(kg·m⁻¹)
A80	8	8	6	80	1.76
A90	8	8	6	90	1.79

桁架规格 代号	上弦钢筋 公称直径/mm	下弦钢筋 公称直径/mm	腹杆钢筋 公称直径/mm	桁架设计 高度/mm	桁架每延米理论重量 /(kg·m⁻¹)
A100	8	8	6	100	1.82
B80	10	8	6	80	1.98
B90	10	8	6	90	2.01
B100	10	8	6	100	2.04

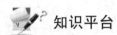 知识平台

一、钢筋材料

1. 钢筋种类

钢筋是指钢筋混凝土用钢材,包括光圆钢筋、带肋钢筋(螺纹钢筋),具体种类如下。

(1)按照生产工艺不同划分:

低合金钢筋(HRB)、余热处理钢筋(RRB)、细晶粒钢筋(HRBF)。

(2)按照强度等级划分:

Ⅰ级钢筋:圆钢、牌号为 HPB300。

Ⅱ级钢筋:螺纹钢筋、HRB335(E)、RRB335 和 HRBF335(E)。

Ⅲ级钢筋:螺纹钢筋、HRB400(E)、RRB400 和 HRBF400(E)。

Ⅳ级钢筋:螺纹钢筋、HRB500(E)、RRB500 和 HRBF500(E)。

常用钢筋牌号为 HRB400(E)、RRB400 和 HRBF400(E),钢筋牌号后加"E"为抗震专用钢筋。

(3)高强钢筋:

抗拉屈服强度达到 400 MPa 及以上的螺纹钢筋,具有强度高、综合性能优的特点。

(4)钢筋间隔件

钢筋间隔件即保护层垫块,用于控制钢筋保护层厚度或钢筋间距的物件。按材料分为水泥基类、塑料类和金属类。

装配式混凝土建筑无论预制构件还是现浇混凝土,都应当使用符合现行行业标准《混凝土结构用钢筋间隔件应用技术规程》JGJ/T 219 规定的钢筋间隔件,不得用石子、砖块、木块、碎混凝土块等作为间隔件。

2. 受力筋

(1)板中受力钢筋的常用直径:板厚 $h < 100$ mm 时为 6～8 mm;$h = 100～150$ mm 时为 8～12 mm;$h > 150$ mm 时为 12～16 mm。

(2)板中受力钢筋的间距,一般不小于 70 mm,当板厚 $h \leqslant 150$ mm 时间距不宜大于 200 mm,当 $h > 150$ mm 时不宜大于 1.5h 或 250 mm。

(3)单向板和双向板可采用分离式配筋或弯起式配筋。

图 4-8 高强钢筋

(4)简支板或连续板跨中下部纵向钢筋伸至支座的中心线且锚固长度不应小于5d（d为下部钢筋直径）。

(5)在双向板的纵横两个方向上均需配置受力钢筋。

3. 分布钢筋

(1)单向板中单位长度上分布钢筋的截面面积不宜小于单位宽度上受力钢筋截面面积的15%，且不宜小于该方向板截面面积的0.15%；分布钢筋的间距不宜大于250 mm，直径不宜小于6 mm。

(2)在温度、收缩应力较大的现浇板区域内，钢筋间距宜为150～200 mm，并应在板的配筋表面布置温度收缩钢筋。板的上、下表面沿纵、横两个方向的配筋率均不宜小于0.1%。

4. 构造钢筋

(1)对与支承结构整体浇筑或嵌固在承重砌体墙内的现浇混凝土板，应沿支承周边配置上部构造钢筋，其直径不宜小于8 mm，间距不宜大于200 mm。

(2)当现浇板的受力钢筋与梁平行时，应沿梁长度方向配置间距不大于200 mm且与梁垂直的上部构造钢筋，其直径不宜小于8 mm，且单位长度内的总截面面积不宜小于板中单位长度内受力钢筋截面面积的1/3。该构造钢筋伸入板内的长度不宜小于板计算跨度 L_0 的1/4。

二、混凝土

1. 预制混凝土板混凝土制作要求

水泥宜采用不低于42.5级硅酸盐、普通硅酸盐水泥，砂宜选用细度模数为2.3～3.0的中粗砂，石子宜选用5～25 mm碎石，外加剂品种应通过试验室进行试配后确定，并应有质保书，且楼板混凝土中不得掺加氯盐等对钢材有锈蚀作用的外加剂；预制混凝楼板混凝土强度等级不宜低于C30；预应力混凝土楼板的混凝土强度等级不宜低于C40，且不应低于C30。

2. 预制混凝土板混凝土准备

混凝土原材料应按品种、数量分别存放，并应符合下列规定：

（1）水泥和掺合料应存放在筒仓内。不同生产企业、不同品种、不同强度等级原材料不得混仓，储存时应保持密封、干燥、防止受潮。

（2）砂、石应按不同品种、规格分别存放，并应有防混料、防尘和防雨措施。

（3）外加剂应按不同生产企业、不同品种分别存放，并有防止沉淀等措施。

（4）预制楼板制作前，应编制楼板设计制作图。

3. 预制混凝土楼板混凝土的浇筑

（1）混凝土浇筑前，应逐项对模具、钢筋、钢筋网片、预埋件、吊具、预留孔洞、混凝土保护层厚度等进行检查和验收，并做好隐蔽记录。

（2）预制混凝土楼板与现浇混凝土的结合面的粗糙度，宜采取机械处理，也可采取化学处理。

（3）混凝土浇筑时应符合下列要求：

混凝土应均匀连续浇筑，投料高度不宜大于 500 mm。浇筑时应保证模具、预埋件、连接件不发生变形或者移位，如有偏差应采取措施及时纠正。

混凝土从出机到浇筑完毕的延续时间，气温高于 25℃时不宜超过 60 min，气温高于 25℃时不宜超过 90 min。混凝土从拌合到浇筑完成中间间歇时间不宜超过 40 min，混凝土应采用机械振捣密实。

4. 预制构件生产过程中出现下列情况之一时，应对混凝土配合比重新进行设计

（1）原材料的产地或品质发生显著变化。

（2）停产时间超过一个月，重新生产前。

（3）合同要求。

（4）混凝土质量出现异常。

5. 混凝土质量出现异常

混凝土浇筑前，应逐项对模具、钢筋、钢筋网片、预埋件、吊具、预留孔洞、混凝土保护层厚度等进行检查和验收，并做好隐蔽记录。

6. 预制混凝土楼板与现浇混凝土的结合面的粗糙度，宜采取机械处理，也可采取化学处理。

三、模具

1. 预制构件模具设计原则

（1）足够的承载力、刚度和稳定性。

（2）支模和拆模要方便。

（3）便于钢筋安装和混凝土浇筑、养护。

（4）部件与部件之间连接要牢固。

（5）预埋件均应有可靠固定措施。

2. 预制构件模具的类型

模具的体系可分为独立式模具和大模台式模具两种类型。其中独立式模具用钢量较大，适用于构件类型较单一而且重复次数较多的项目；大模台式模具只需要制作侧边模具，而且底模还可以在其他工程上重复使用。预制构件模具图一般包括模具总装图、模具部件图、材料清单三个部分。

3. 叠合楼板模具的准备与安装

根据叠合楼板高度，可选用相应的角铁作为边模，如图4-9所示，当楼板四边有倒角时，可在角铁上后焊一块折弯后的钢板。由于角铁组成的边模上开了许多豁口，导致长向的刚度不足，故沿长向可分若干段，以每段1.5~2.5 m为宜。侧模上还需设加强肋板，间距为400~500 mm。

图4-9 角铁边模

4. 叠合楼板模具的加固要点

对模具使用次数必须有一定的要求，故有些部位必须要加强，一般通过肋板解决，当楼板不足以解决时可把每个肋板连接起来，以增强整体刚度。亦可用矩形截面铝合金边模，如图4-10所示。

图4-10 矩形铝合金边模

5. 模具的验收要点

除了外形尺寸和平整度外，还应重点检查模具的连接和定位系统。

6.模具的经济性分析要点

根据项目中每种预制构件的数量和工期要求，配备出合理的模具数量，再摊销到每种构件中，得出一个经济指标，一般为每立方混凝土中含多少钢材，据此可作为报价的一部分。

 项目实施

一、施工准备

1.材料

（1）底板混凝土强度等级为 C30，可设置好搅拌站参数自行配料扳制。

（2）底板钢筋及钢筋桁架的上弦、下弦钢筋采用 HRB400 钢筋，钢筋桁架腹杆钢筋采用 HPB300 钢筋。

（3）图集中的 HRB400 钢筋可用同直径的 CRB550 或 CRB600H 钢筋代替。

2.机具设备

（1）机械：钢筋除锈机、钢筋调直机、钢筋切断机、电焊机。

（2）工具：钢筋钩子、钢筋扳子、钢丝刷、火烧丝铡刀、墨线。

（3）模具准备与安装：根据叠合楼板的生产需要，亦可选用铝模，如图 4-11 所示。

图 4-11　叠合楼板铝模

二、作业条件

（1）钢筋进场，应检查是否有出厂合格证明、复试报告，并按指定位置、按规格、部位编号分别堆放整齐。

（2）钢筋绑扎前，应检查有无锈蚀现象，除锈之后再运到绑扎部位。熟悉图纸，按设计要求检查已加工好的钢筋规格、形状、数量是否正确。

（3）叠合板模板支好、用磁盒开关固定在模台上，如图 4-12 所示，预检完毕。

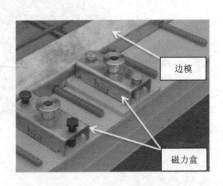

图 4-12　磁力盒固定边模

（4）检查预埋钢筋或预留洞的数量、位置、标高要符合设计要求。

（5）根据图纸要求和工艺规程向施工班组进行交底。

三、制作流程

在 PC 多功能自动生产线上，叠合楼板的制作流程如图 4 – 13 所示。

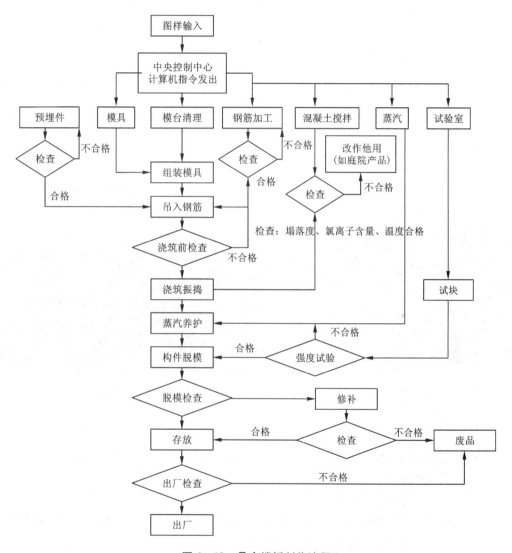

图 4 – 13　叠合楼板制作流程

四、制作工艺

流动式生产工艺有两种，流水线工艺和自动化流水线工艺。

流水线是将标准订制的模台（规格一般为 4 m × 9 m）放置在滚轴或轨道上，使其移动。首先在组模区组模，然后移动到放置钢筋和预埋件的作业区段，进行钢筋和预埋件入模作业，然后再移动到浇筑振捣平台上进行混凝土浇筑，完成浇筑后模台下的平台震动，对混凝土进行振捣。之后，模台移动到养护窑进行养护，养护结束出窑后移到脱模区脱模，构件或被吊起，或在翻转台翻转后吊起，然后运送到构件存放区。

叠合楼板的制作工艺过程主要包括：模台清理—划线—喷脱模剂—组模—钢筋绑扎及布设预埋件—合模—布料、振捣成型—拉毛—养护—脱模。

1. 模台清理

模具每次使用后，应清理干净，不得留有水泥浆和混凝土残渣。根据生产设备的不同，模具清理分为机械设备清理和人工清理两种形式。

（1）机械设备清理

机械设备清理主要用于自动流水线上，流水线上专门配有清理模具的清理设备，如图 4-14 所示，模台通过设备时，刮板降下来铲除残余混凝土，另外一侧圆盘滚刷扫掉表面浮灰，如图 4-15 所示。边模由边模清扫机清洗干净后，通过传送带送进模具库，由机械手按照一定的规格储存备用。

 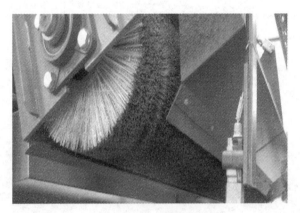

图 4-14　刮板　　　　　　　　　　　　　　　　图 4-15　滚刷

（2）人工清理

人工清理模具需要用腻子刀或其他铲刀清理。模具要清理彻底，对残余的大块混凝土要小心清理，防止损伤模台。

2. 划线

如图 4-16 所示，机械手或自动划线机，根据生产图纸信息，接收指令，将边模位置、预埋件位置等清晰地画在模台上。

3. 喷脱模剂

预制混凝土构件在钢筋骨架入模前，应在模具表面均匀涂抹脱模剂。涂刷脱模剂有自动涂刷和人工涂刷两种方法。

流水线上配有自动喷涂脱模剂设备，如图 4-17 所示模台运转到该工位后，设备启动开始喷涂脱模剂，设备上有多个喷嘴保证模台每个地方都均匀喷到，模台离开设备工作面设备自动关闭。喷涂设备上适用的脱模剂为水性或者油性，不适合蜡质的脱模剂。

图 4 – 16　自动划线机

图 4 – 17　脱模剂喷涂

　　人工涂抹脱模剂要使用干净的抹布或海绵，涂抹均匀后模具表面不允许有明显的痕迹、不允许有堆积、不允许有漏涂等现象。

　　不论采用哪种涂刷脱模剂的方法，均应按下列要求严格控制：

　　(1)应选用不影响构件结构性能和装饰工程施工的隔离剂。

　　(2)应选用对环境和构件表面没有污染的脱模剂。

（3）常用的脱模剂材质有水性和油性两种，构件制作宜采用水性材质的脱模剂。

（4）流水线上脱模剂喷涂设备，不适合采用蜡质的脱模剂，硅胶模具应采用专用的脱模剂。

（5）涂刷脱模剂前模具已清理干净。

（6）带有饰面的构件应在装饰材入模前涂刷脱模剂，模具与饰面的接触面不得涂刷脱模剂。

（7）脱模剂喷涂后不要马上作业，应当等脱模剂成膜以后再进行下一道工序。

（8）脱模剂涂刷时应谨慎作业，防止污染到钢筋、埋件等部件，使其性能受损。

当模具面需要形成粗糙面时，构件制作中常用的方法是：在模具面上涂刷缓凝剂，待成型构件脱模后，用压力水冲洗和去除表面没有凝固的灰浆，露出骨料而形成"粗糙面"，通常也将这种方式称为"水洗面"。为达到较好的粗糙面效果，缓凝剂需结合混凝土配合比、气温及空气湿度等因素适当调整。涂刷缓凝剂还要特别注意：

（1）选用专业厂家生产的粗糙面专用缓凝剂。

（2）按照设计要求的粗糙面部位涂刷。

（3）按照产品使用要求进行涂刷。

4. 组模

根据叠合楼板的图形信息，拆布模机械手自动地从模具架上选择合适的模具，在模台上进行自动组模，如图 4 - 18 所示。

图 4 - 18　机械手自动组模

5. 钢筋绑扎及布设预埋件

如图 4 - 19 所示，钢筋的绑扎直接关系到构件的受力，预埋件的布设关系到水电管线的连接，要特别注意以下事项：

（1）为了防止吊点处钢筋受力变形，宜采取兜底吊或增加辅助用具。

（2）钢筋骨架入模时，钢筋应平直、无损伤，应轻放，防止变形。

（3）钢筋入模前，应按要求敷设局部加强筋。

（4）钢筋入模后，还应对叠合部位的主筋和构造钢筋进行保护，防止外露钢筋在混凝土浇筑过程中受到污染，如图 4 - 20 所示。

图 4 - 19 钢筋绑扎

图 4 - 20 预制楼板叠合筋保护

装配式建筑一般尽可能采取管线分离的原则,即使是有管线预埋在构件当中,也仅限于防雷引下线、叠合楼板的预埋灯座、墙体中强弱电预留管线与箱盒等少数机电预埋物。

布置机电管线和预埋物在管线布置中,如果预埋管线离钢筋或预埋件很近,影响混凝土的浇筑,要请监理和设计给出调整方案。固定机电管线和预埋物对机电管线和预埋物在钢筋骨架内的部分一般采用钢筋定位架固定,机电管线和预埋物露出构件平面或在构件平面上的一般采用在模具上的定位孔或定位螺栓固定。

(1)防雷引下线固定。防雷引下线采用镀锌扁钢,镀锌扁钢于构件两端各需伸出 150 mm,以便现场焊接。镀锌扁钢宜通长设置,穿过端模上的槽口,与箍筋绑扎或焊接定位。

(2)预埋灯盒固定。首先,根据灯盒开口部内净尺寸定制八角形定位板,定位板就位后,将灯盒固定于定位板上。

（3）强弱电预留管线固定。强弱电管线沿纵向或横向排管随钢筋绑扎固定，其折弯处应采用合适规格的弹簧弯管器进行弯折。

（4）箱盒固定。箱盒一般采用工装架进行固定，工装架固定点位与箱盒安装点位一致。

6. 合模

在上述操作过程中，因模具的选择搭配，可能在拼模过程中，出现局部位置小范围的合模缺失，此时需要借助辅助材料（泡沫塑料）进行合模封堵，使用粘黏剂进行固定。并且模具上的凹槽也需要进行封堵，以免浇筑过程中混凝土泄露，如图 4 - 21 所示。

图 4 - 21　合模

7. 布料、振捣成型

（1）隐蔽工程验收内容。

混凝土浇捣前，应对钢筋、套筒、预埋件等进行隐蔽工程检查验收。

（2）隐蔽工程验收程序。

隐蔽工程应通知驻厂监理验收，验收合格并填写隐蔽工程验收记录后才可以进行混凝土浇筑。

（3）照片、视频档案。

建立照片、视频档案不是国家要求的，但对追溯原因、追溯责任十分有用，所以应该建立档案。拍照时用小白板记录该构件的使用项目名称、检查项目、检查时间、生产单位等。对关键部位应当多角度地拍照，照片要清晰。

隐蔽工程检查记录应当与原材料检验记录一起在工厂存档，存档按时间、项目进行分类存储，照片、影像类资料应电子存档与刻盘。

叠合板应按现行国家标准《混凝土结构设计规范》GB 50010 进行设计，并应符合下列规定：

（1）叠合板的预制板厚度不宜小于 60 mm，后浇混凝土叠合层厚度不应小于 60 mm。

（2）跨度大于 3 m 的叠合板，宜采用桁架钢筋混凝土叠合板。

（3）跨度大于 6 m 的叠合板，宜采用预应力混凝土预制板。

条文说明：叠合板后浇层最小厚度的规定考虑了楼板整体性要求以及管线预埋、面筋铺设、施工误差等因素。预制板最小厚度的规定考虑了脱模、吊装、运输、施工等因素。设置桁架钢筋或板肋等，增加了预制板刚度时，可以考虑将其厚度适当减少。

混凝土无论采用何种入模方式，浇筑时应符合下列要求：

（1）混凝土浇筑前应当做好混凝土的检查，检查内容：混凝土坍落度、温度、含气量等，并且拍照存档，如图 4 - 22 所示。

（2）浇筑混凝土应均匀连续，从模具一端开始，如图 4 - 23 所示。

图 4 - 22　混凝土浇筑前检查

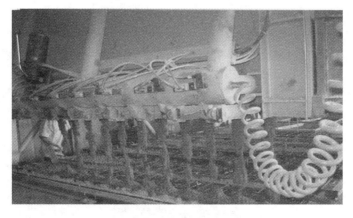

图 4 - 23　布料

（3）投料高度不宜超过 500 mm。

（4）浇筑过程中应有效地控制混凝土的均匀性、密实性和整体性。

(5)混凝土浇筑应在混凝土初凝前全部完成。

(6)混凝土应边浇筑边振捣。

(7)冬季混凝土入模温度不应低于5℃。

(8)混凝土浇筑前应制作同条件养护试块等。

8. 拉毛

预制构件与后浇混凝土、灌浆料、坐浆材料的结合面应设置粗糙面、键槽，粗糙面的面积不宜小于结合面的80%，预制板的粗糙面凹凸深度不应小于4 mm。因此在生产过程中增加拉毛，用拉刀在叠合楼板表面拉出沟槽，如图4－24所示。

图4－24 叠合板拉毛

9. 养护

养护是混凝土质量的重要环节，对混凝土的强度、抗冻性、耐久性有很大的影响。混凝土养护有3种方式：常温、蒸汽、养护剂养护。

预制混凝土构件一般采用蒸汽(或加温)养护，蒸汽(或加温)养护可以缩短养护时间，快速脱模，提高效率，减少模具和生产能力的投入。如图4－25所示，蒸汽养护过程一般包括静养、升温、恒温、降温、停止五个阶段。

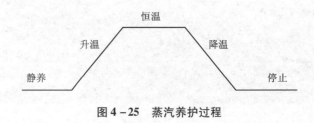

图4－25 蒸汽养护过程

(1)当采用蒸汽养护时，应按照养护制度的规定，进行温控，避免预制构件出现温差裂缝。

(2)预制构件脱模后可继续养护，养护可采用水养、洒水、覆盖和喷涂养护剂等一种或几种相结合的方式。

（3）水养和洒水养护的养护用水不应使用回收水，水中养护应避免预制构件与养护池水有过大的温差，洒水养护次数以能保持构件处于润湿状态为度，且不宜采用不加覆盖仅靠构件表面洒水的养护方法。

（4）当不具备水养或洒水养护条件或当日平均气温低于5℃时，可采用涂刷养护剂方式；养护剂不得影响预制构件与现浇混凝土面的结合强度。

10. 脱模

（1）构件脱模要求

①构件蒸养后，蒸养罩内外温差小于20℃时方可进行脱模作业，如图4-26所示。

图4-26　脱模

②构件脱模应严格按照顺序拆除模具，脱模顺序应按支模顺序相反进行，应先脱非承重模板后脱承重模板，先脱帮模再脱侧模和端模，最后脱底模。不得使用振动方式脱模。构件脱模顺序应按支模顺序相反进行，应先脱非承重模板后脱承重模板，先脱帮模再脱侧模和端模，最后脱底模。不得使用振动方式脱模。

③构件脱模时应仔细检查确认构件与模具之间的连接部分完全拆除后方可起吊。

④用后浇混凝土或砂浆、灌浆料连接的预制构件结合处，设计有具体要求时，应按设计要求进行粗糙面处理，设计无具体要求时，可采用化学处理、拉毛或凿毛等方法制作粗糙面。

（2）构件脱模起吊要求

构件脱模起吊时，应根据设计要求或具体生产条件确定所需的混凝土标准立方体抗压强度，并满足下列要求：

①构件脱模起吊时，混凝土强度应满足设计要求。当设计无要求时，构件脱模时的混凝土强度不应小于15 MPa。

②楼板等较薄预制混凝土构件起吊时，混凝土强度应不小于20 MPa。

③当构件混凝土强度达到设计强度的30%并不低于C15时，可以拆除边模；构件翻身强度不得低于设计强度的70%且不低于C20，经过复核满足翻身和吊装要求时，允许将构件翻身和起吊；当构件强度大于C15，低于70%时，应和模具平台一起翻身，不得直接起吊构件

翻身。构件起吊应平稳，楼板应采用专用多点吊架进行起吊，复杂构件应采用专门的吊架进行起吊。

④预制构件使用的吊具和吊装时吊索的夹角，涉及拆模吊装时的安全，此项内容非常重要，应严格执行。在吊装过程中，吊索水平夹角不宜小于60°且不应小于45°，尺寸较大或形状复杂的预制构件应使用分配梁或分配桁架类吊具，并应保证吊车主钩位置、吊具及预制构件重心在垂直方向重合。

⑤构件多吊点起吊时，应保证各个吊点受力均匀。

（3）脱模后构件质量要求

①预制构件脱模后外观质量要求

预制构件脱模后外观质量应符合表4-7、表4-8的规定。外观质量不宜有一般缺陷，不应有严重缺陷。对于已经出现的一般缺陷，应进行修补处理，并重新检查验收；对于已经出现的严重缺陷，修补方案应经设计、监理单位认可之后进行修补处理，并重新检查验收。预制构件脱模后，还应对预留孔洞、梁槽、门窗洞口、预留钢筋、预埋螺栓、灌浆套筒、预留槽等进行清理，保证通畅有效；钢筋锚固板、直螺纹连接套筒等应及时安装，安装时应注意使用专用扳手旋拧到位，外漏丝头不能超过2丝。

表4-7　预制构件外观质量判定方法

项目	现象	质量要求	判定方法
露筋	钢筋未被混凝土完全包裹而外露	受力主筋不应有，其他构造钢筋和箍筋允许少量	观察
蜂窝	混凝土表面石子外露	受力主筋部位和支撑点位置不应有，其他部位允许少量	观察
孔洞	混凝土中空穴深度和长度超过保护层厚度	不应有	观察
夹渣	混凝土中夹有杂物且深度超过混凝土保护层厚度	禁止夹渣	观察
外形缺陷	内表面缺棱掉角、表面翘曲、抹面凹凸不平，外表面面砖黏接不牢、位置偏差、面砖嵌缝没有达到横平竖直，转角面砖棱角不直，面砖表面翘曲不平	内表面缺陷基本不允许，要求达到预制构件允许偏差；外表面仅允许极少量缺陷，但禁止面砖粘接不牢、位置偏差、面砖翘曲不平不得超过允许值。	观察
外表缺陷	内表面麻面、起砂、掉皮、污染，外表面面砖污染、窗框保护纸破坏	允许少量污染等不影响结构使用功能和结构尺寸的缺陷	观察
连接部位缺陷	连接处混凝土缺陷及连接钢筋、连接件松动	不应有	观察
破损	影响外观	影响结构性能的破损不应有，不影响结构性能的和使用功能的破损不宜有	观察
裂缝	裂缝贯穿保护层到达构件内部	影响结构性能的裂缝不应有，不影响结构性能的和使用功能的裂缝不宜有	观察

表 4－8　成品的外观缺陷

成品外观缺陷

名称	现象	严重缺陷	一般缺陷
露筋	构件钢筋未被混凝土包裹而外露	纵向受力钢筋有露筋	其他钢筋有少量露筋
蜂窝	混凝土表面缺少水泥砂浆而形成石子外露	构件主要受力部位有空洞	其他部位有少量蜂窝
孔洞	混凝土中空穴深度和长度均超过保护层厚度	构件主要受力部位有孔洞	其他部位有少量孔洞
夹渣	混凝土中有杂物且超过混凝土保护层厚度	构件主要受力部位有夹渣	其他部位有少量夹渣
疏松	混凝土局部不密实	构件主要受力部位有疏松	其他部位有少量疏松
裂缝	缝隙从混凝土表面延伸至混凝土内部	构件主要受力部位有影响结构性能和使用功能的裂缝	其他部位有少量不影响结构性能或使用功能的裂缝
连接部位缺陷	构件连接处混凝土有缺陷及连接钢筋、连接件松动	连接件部位有影响结构传力性能的缺陷	连接件部位有基本不影响结构传力性能的缺陷
外形缺陷	缺棱掉角、棱角不直、翘曲不平、飞边凸肋等	清水混凝土构件有影响使用功能或装饰效果的外形缺陷	其他混凝土构件有不影响使用功能和外形的缺陷
外表缺陷	外表缺陷构件麻面、掉皮、皮砂、玷污等	具有重要装饰效果的清水混凝土构件有外表缺陷	其他混凝土构件有不影响使用功能和外表的缺陷

叠合楼板外形尺寸允许偏差及检验方法应符合表 4－9 的规定。

表 4－9　叠合楼板外形尺寸允许偏差及检验方法

名称	项目	允许偏差	检查依据与方法
叠合楼板外形尺寸	长度	±5	用钢尺测量
	宽度	±5	用钢尺测量
	厚度	±3	用钢尺测量
	表面平整度、扭曲、弯曲	5	用 2 米靠尺和塞尺检查
	构件边长翘曲	5	调平尺在两端量测
主筋保护层厚度		+5、-3	钢尺或保护层厚度测定仪量测

11. 叠合楼板的检验

叠合楼板的检测内容如表4-10所示，各项指标达标即可入库。

表4-10 叠合楼板质量检验项目

类别	项目	检验内容	依据	性质	数量	检验方法
钢筋加工	钢筋型号、直径、长度、加工精度	检验钢筋型号、直径、长度、弯曲角度	《钢筋混凝土用钢》第2部分：热轧带肋钢筋（GB/T 1499.2—2018）	主控项目	全数	对照图样进行检验
钢筋安装	安装位置、保护层厚度	按制作图样检验	《钢筋混凝土用钢》第2部分：热轧带肋钢筋（GB/T 1499.2—2018）	主控项目	全数	按照图样要求进行安装
伸出钢筋	位置、钢筋直径、伸出长度的误差	按制作图样检验	《钢筋混凝土用钢》第2部分：热轧带肋钢筋（GB/T 1499.2—2018）	主控项目	全数	对照图样用尺测量
预埋件安装	预埋件型号、位置	安装位置、型号、埋件长度	制作图样	主控项目	全数	对照图样用尺测量
混凝土强度	试块强度、构件强度	同批次试块强度，构件回弹强度	《混凝土结构工程施工质量验收规范》（GB—50204—2015）	主控项目	100 m³取样不少于一次	试验室力学检验、回弹仪检验
脱模强度	混凝土构件脱模前强度	检验在同期条件下制作及养护的试块强度	《混凝土结构工程施工质量验收规范》（GB—50204—2015）	一般项目	不少于一组	试验室力学试验
养护	时间、温度	查看养护试件及养护温度	根据工厂制定出的养护方案	一般项目	抽查	计时及温度检查
表面处理	污染、掉角、裂缝	检验构件表面是否有污染或缺棱掉角	工厂制定的构件验收标准	一般项目	全数	目测

12. 资料与交付

根据现行国家标准《装配式混凝土建筑技术标准》（GB/T 51231—2016）中的规定，预制构件的资料应与产品生产同步形成、收集和整理，归档资料宜包括以下内容：

（1）预制混凝土构件加工合同。

（2）预制混凝土构件加工图样、设计文件、设计洽商、变更或交底文件。

（3）生产方案和质量计划等文件。

（4）原材料质量证明文件、复试试验记录和试验报告。

（5）混凝土试配资料。

（6）混凝土配合比通知单。

（7）混凝土强度报告。

（8）钢筋检验资料、钢筋接头的试验报告。

（9）模具检验资料。

（10）预应力施工记录。

（11）混凝土浇筑记录。

（12）混凝土养护记录。

（13）构件检验记录。

（14）构件性能检测报告。

（15）构件出厂合格证，如表4－11所示。

（16）质量事故分析和处理资料。

（17）其他与预制混凝土构件生产和质量有关的重要文件资料。

表4－11　叠合楼板出厂合格证（范本）

预制混凝土构件出厂合格证			资料编号			
工程名称及使用部位			合格证编号			
构件名称		型号规格			供应数量	
制造厂家			企业登记证			
标准图号或设计图样号			混凝土设计强度等级			
混凝土浇筑日期		至		构件出厂日期		
性能检验评定结果	混凝土抗压强度			主筋		
	试验编号	达到设计强度/%	试验编号	力学性能	工艺性能	
	外观		预埋件			
	质量状况	规格尺寸	质量状况	规格尺寸		
备注			结论：			
供应单位技术负责人		填表人	供应单位名称（盖章）			
填表日期：						

✅ **想一想　练一练**

1. 如何对叠合板进行拆分？

2. 叠合楼板养护不当会有什么质量缺陷？

知识拓展

预制混凝土叠合楼板最常见的主要有两种，一种是预制混凝土钢筋桁架叠合板；另一种是预制带肋底板混凝土叠合楼板。

1. 预制混凝土钢筋桁架叠合板属于半预制构件，下部为预制混凝土板，外露部分为桁架钢筋。预制混凝土叠合板的预制部分最小厚度为 3～6 cm，叠合板在工地安装到位后进行二次浇筑，从而成为整体实心楼板。桁架钢筋的主要作用是将后浇筑的混凝土层与预制底板形成整体，并在制作和安装过程中提供刚度。伸出预制混凝土层的桁架钢筋和粗糙的混凝土表面保证了叠合楼板预制部分与现浇部分有效结合成整体。

2. 预制带肋底板混凝土叠合楼板一般为预应力带肋混凝土叠合楼板（简称 PK 板），如图 4-27 所示，PK 是快速、拼装之意，PK 板主要有预制倒 T 板和倒双 T 板两种。如图 4-28 所示为倒双 T 型 PK 板。

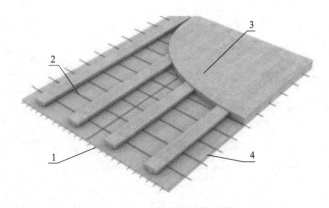

图 4-27　预制带肋叠合板

1—纵向预应力钢筋；2—横向穿孔钢筋；3—后浇层；4—PK 叠合板的预制底板

图 4-28　倒双 T 形 PK 板

3. PK 预应力混凝土双向叠合楼盖技术是对高效预应力叠合楼盖改进后研究出的一种新型楼盖形式，其预制构件底板为倒"T"形预应力带肋薄板，通过在带肋混凝土薄板上布置横向穿孔钢筋并叠合一层混凝土后形成 PK 单向预应力双向配筋混凝土叠合楼板。此楼板是在

74

梁格内布置多块预制构件,叠合前受力阶段为单向简支预制构件受力,待后浇层混凝土结硬后才形成整体双向板,从而实现双向受力。

PK 预应力混凝土叠合板的优点:

(1)预制底板 3 cm 后,是国际上最薄、最轻的叠合板之一,自重约为 1.1 kN/m^2。

(2)用钢量最省,由于采用 1860 级高强预应力钢丝,比其他叠合板用钢量节省 60%。

(3)承载力最强,破坏性试验承载力可达 1100 kN/m^2。

(4)抗裂性能好,由于采用了预应力,极大提高了混凝土的抗裂性能。

(5)新老混凝土接合好,由于采用了 T 形肋,新老混凝土互相咬合,新混凝土流到孔中形成销栓作用。

(6)可形成双向板,在侧孔中横穿钢筋后,避免了传统叠合板只能做单向板的弊病,且预埋管线方便,如图 4 - 29 所示。

(a)　　　　　　　　　　　　　　　　(b)

图 4 - 29　PK 叠合楼板施工图

项目 5　叠合梁预制

 学习目标

1. 掌握叠合梁的技术标准；
2. 掌握叠合梁的生产工艺流程；
3. 掌握叠合梁成品的质量标准。

 项目描述

　　如图 5-1 所示，预制钢筋混凝土叠合梁是分两阶段浇捣混凝土的梁，第一阶段在工厂完成预制部分；第二阶段在施工现场进行。当预制梁在现场吊装安放完成后，再浇捣上部剩余高度的混凝土使房屋形成整体。采用叠合梁，可以减轻装配构件的重量更利于吊装，同时由于有后浇混凝土的存在，其结构的整体性也相对较好。薄弱部位主要在预制构件与后浇混凝土两者之间的结合面上，如图 5-2 所示。

图 5-1　叠合梁

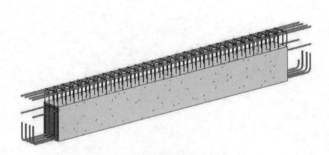

图 5-2　叠合梁连接薄弱处

叠合梁的生产工艺流程如图 5 - 3 所示。

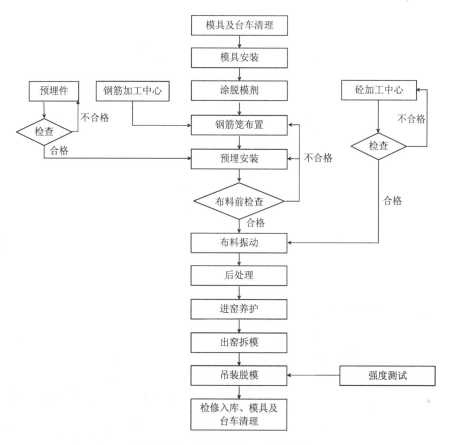

图 5 - 3　叠合梁生产工艺流程图

 知识平台

1. 材料准备

(1) 钢筋：采用 HPB300、HRB400。

(2) 混凝土：强度等级 C30。

(3) 预埋件：锚板采用 Q235 - B 级钢，钢材应符合《碳素结构钢》(GB/T 700—2006)的规定。

(4) 锚筋与锚板之间的焊接采用埋弧压力焊，采用 HJ431 型焊剂，采用 T 型角焊缝时采用 E50 型、E55 型焊条。

2. 机具设备

(1) 机械：钢筋除锈机、钢筋调直机、钢筋切断机、电焊机。

(2) 工具：钢筋钩子、钢筋扳子、钢丝刷、火烧丝铡刀、墨线。

(3) 模具准备与安装，如图 5 - 4 所示为叠合梁的预制磨模具，预埋件准备与安装采用固定模台,叠合梁模具尺寸允许偏差和检验方法详见表5-1。

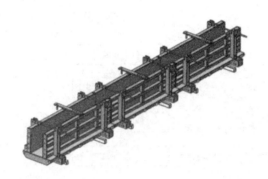

图5-4 叠合梁模具

叠合梁预埋件加工允许偏差详见表5-2。

表5-1 叠合梁模具尺寸的允许偏差和检验方法

项次	检验项目及内容		允许偏差/mm	检验方法
1	长度	≤6 m	1, -2	用钢尺量平行构件高度方向,取其中偏差绝对值较大处
		>6 m且≤12 m	2, -4	
		>12m	3, -5	
2	截面尺寸	梁	2, -4	用钢尺测量两端或中部,取其中偏差绝对值较大处
3	对角线差		3	用钢尺量纵、横两个方向对角线
4	侧向弯曲		$L/1500$且≤5	拉线、用钢尺量测侧向弯曲最大处
5	翘曲		$L/1500$	对角拉线测量交点间距离值的两倍
6	底模表面平整度		2	用2 m靠尺和塞尺量
7	组装缝隙		1	用塞片或塞尺量
8	端模与侧模高低差		1	用钢尺量

注:1.本表所列项目摘自《装配式混凝土结构技术规程》(JGJ 1—2014)表11.2.3。

表5-2 叠合梁预埋件加工允许偏差

项次	检验项目及内容		允许偏差/mm	检验方法
1	预埋件锚板的边长		0, -5	用钢尺量
2	预埋件锚板的平整度		1	用直尺和塞尺量
3	锚筋	长度	10, -5	用钢尺量
		间距偏差	±10	用钢尺量

注:1.本表所列项目摘自《装配式混凝土结构技术规程》(JGJ 1—2014)表11.2.4。

3.作业条件

(1)钢筋进场,应检查是否有出厂合格证明、复试报告,并按指定位置、规格、部位编号分别堆放整齐。

(2)钢筋绑扎前,应检查有无锈蚀现象,除锈之后再运到绑扎场地。熟悉图纸,按设计要求检查已加工好的钢筋规格、形状、数量是否正确。

(3)叠合梁底模板支好、预检完毕。

(4)检查预埋钢筋或预留洞的数量、位置、标高须符合设计要求,具体允许偏差如表5-3所示。

(5)根据图纸要求和工艺规程向施工班组进行交底。

表5-3　叠合梁模具预留孔洞中心位置的允许偏差

项次	检验项目及内容	允许偏差/mm	检验方法
1	预埋件、插筋、吊环、预留孔洞中心线位置	3	用钢尺量
2	预埋螺栓、螺母中心线位置	2	用钢尺量

注:1.本表所列项目摘自《装配式混凝土结构技术规程》(JGJ1—2014)表11.2.5。

 项目实施

叠合梁预制过程包括:模板清理—钢筋绑扎及布设预埋件—合模—布料、振捣成型—拉毛—养护—脱模等8个环节。

1.模板清理

如图5-5所示,现对待清理的模板进行清除,清扫上面的残渣。

图5-5　待清理模板

2.钢筋施工技术要点

(1)钢筋存放

加工成型的钢筋运至生产现场,应分别按工号、结构部位、钢筋编号和规格等整齐堆放,保持钢筋表面清洁,防止被油渍、泥土污染或压弯变形;贮存期不宜过长,以免钢筋锈蚀。在运输和安装钢筋时,应轻装轻卸,不得随意抛掷和碰撞,防止钢筋变形。

(2)钢筋下料

钢筋下料必须严格按照图纸设计及下料单要求制作,对应相应的规格、型号及尺寸进行加工。制作过程中应当定期、定量检查,对于不符合设计要求及超过允许偏差的一律不得绑扎,按废料处理。

(3)钢筋绑扎

钢筋绑扎,严格按照图纸要求进行绑扎,绑扎时应注意钢筋间距、数量、保护层等,如图5-6所示。绑扎过程中,对于尺寸、弯折角度不符合设计要求的钢筋不得绑扎。钢筋骨架尺寸和安装位置偏差见表5-4。

图5-6 钢筋绑扎

表5-4 钢筋骨架尺寸和安装位置偏差

项目		允许偏差/mm	检验方法
钢筋骨架	长	±10	钢尺检查
	宽、高	±5	钢尺检查
	钢筋间距	±10	钢尺量两端、中间各一点
受力钢筋	位置	±5	钢尺量两端、中间各一点,取最大值
	排距	±5	
	保护层	+5,-3	钢尺检查

续表 5-4

项目	允许偏差/mm	检验方法
绑扎钢筋、横向钢筋间距	±20	钢尺量连续三档,取最大值
箍筋间距	±20	钢尺量连续三档,取最大值
钢筋弯起点位置	±20	钢尺检查

（4）钢筋入模

如图 5-7 所示,将准备好的钢筋笼放入模具中,此过程中要注意以下几点:

图 5-7　钢筋入模

①钢筋网和钢筋骨架在整体装运、吊装就位时,应采用多吊点的起吊方式,防止发生扭曲、弯折、歪斜等变形。

②吊点应根据其尺寸、重量及刚度而定,跨度小于 6 m 的钢筋骨架宜采用两点起吊,跨度大、刚度差的钢筋骨架宜采用横吊梁(铁肩担)四点起吊。

③为了防止吊点处钢筋受力变形,宜采取兜底吊或增加辅助用具。

④钢筋骨架入模时,钢筋应平直、无损伤,表面不得有油污、颗粒状或片状老锈,且应轻放,防止变形。

⑤钢筋入模前,应按要求设置局部加强筋。

⑥钢筋入模后,应对叠合部位的主筋和构造钢筋进行保护,如图 5-8 所示,防止外露钢筋在混凝土浇筑过程中受到污染,而影响到钢筋的握裹强度,已受到污染的部位需及时清理。

图 5-8　预埋件保护

3.预埋件安装

安装吊顶吊环、螺母或其他管线埋设物时，做好专业之间的协调配合，应避免任意切断和碰动钢筋。预埋施工时应有专人操作，使用固定标高控制线，保证孔洞及埋件的位置、标高、尺寸。检验合格后，应避免事后剔凿开洞，影响叠合梁质量。浇筑混凝土前应检查、整修，保持钢筋位置准确不变形。

4.两端封模

(1)堵头须涂脱模剂，预埋件螺丝须拧紧，防止振捣时螺丝松脱跑浆。

(2)预埋件必须以"井"字形钢筋固定在笼筋骨架上。

(3)封模时注意背板底部是否压筋笼。

(4)封模顺序一般为：合背板—锁紧拉杆—合侧板—上部小侧板。

(5)封模完成后必须检查上部尺寸是否合格。

5.混凝土施工技术要点

(1)叠合梁混凝土制作要求

材料进场入库前必须经过验收，需要抽样复检的实验室必须及时跟进取样；需第三方检验的实验室亦应及时取样送检，经检验检测合格后方可使用，严禁使用未经检测或者检测不合格的原材料和国家明令淘汰的材料。

原材料检测主要包括水泥、砂、石子、水、矿粉、粉煤灰、外加剂、钢筋等原材料进厂的质量检测。原材检测合格，在实验室根据试验配合比拌制混凝土，通过调整，出具可以满足施工要求并保证质量的施工配合比。水泥宜采用不低于42.5级硅酸盐、普通硅酸盐水泥，砂宜选用细度模数为2.3~3.0的中粗砂，石子宜选用5~25 mm碎石，外加剂品种应通过试验室进行试配后确定，并应有质保书，且叠合梁混凝土中不得掺加氯盐等对钢材有锈蚀作用的外加剂，且不应低于C30。

(2)叠合梁混凝土准备

混凝土主要由搅拌站按照参数配比进行配置，如图5-9所示原材料上料拌制。混凝土原材料应按品种、数量分别存放，并应符合下列规定：

①水泥和掺合料应存放在筒仓内。不同生产企业、不同品种、不同强度等级原材料不得混仓，储存时应保持密封、干燥、防止受潮。

②砂、石应按不同品种、规格分别存放，并应有防混料、防尘和防雨措施。

③外加剂应按不同生产企业、不同品种分别存放，并有防止沉淀等措施。

(3)叠合梁混凝土的浇筑、振捣

①叠合梁混凝土浇筑前，应逐项对模具、钢筋、预埋件、吊具、预留孔洞、混凝土保护层厚度等进行检查和验收。

图5-9 上料

并做好隐蔽记录。

②混凝土配合比和工作性能应根据产品类别和生产工艺要求确定，混凝土浇筑应采用机械振捣成型方式。

③混凝土浇筑时应符合下列要求：

a.根据施工相关规定，混凝土入模浇筑温度不宜低于5℃，不宜高于35℃，浇筑完成后需要对表面压平。并校核预埋件位置、标高是否准确。

b.混凝土振捣应采用插入式振动棒，如图5-10所示，混凝土应当有适当的振捣时间，宜振捣至混凝土拌合物表面出现泛浆，且基本无气泡溢出，振捣棒应快插慢拔，振捣间距15~20 cm，每处振捣约20~30 s；根据混凝土坍落度适当调整振捣时间。

图5-10　布料振捣

c.振捣密实后掏平收面，收面要求平整压光，铁板收到每一个外表面，模板根部、棱角位置，必须刮平顺直，多余混凝土清理干净。

d.混凝土浇筑时仍需检查预埋件是否稳固，是否有偏位。

e.混凝土浇筑收面完成后需用彩条布覆盖，保证不被破坏，同时根据天气情况随时关注，适时养护，保证混凝土表面成型质量无开裂现象。

（4）拉毛

拉毛处理有三种方法：一是用切割机在墙上划上很多凹槽，二是用扫把蘸取水泥浆水，在墙面拍打，这样水泥水会渗进去，表面形成一个个凸点，三是高压水拉毛，用超高压水射流直接在墙面上划出很多深沟。

6.脱模养护

（1）养护方式、养护时间

叠合梁养护可采用蒸汽养护、覆膜保湿养护、自然养护等方法。对采用硅酸盐水泥、普通硅酸盐水泥或矿渣硅酸盐水泥拌制的混凝土，不得少于7 d；对掺用缓凝型外加剂或有抗渗要求的混凝土，不得少于14 d。冬季采取加盖养护罩蒸汽养护的方式，如图5-11所示。养护罩内外温差小于20℃时，方可拆除养护罩进行自然养护，自然养护要保持楼梯表面湿润，如图5-12所示。

图 5 – 11　覆盖毛毡蒸汽养护

图 5 – 12　自然养护

（2）叠合梁脱模要求

①叠合梁脱模应严格按照先非承重模板后承重模板、先侧模后底模顺序拆除模具，不得使用振动方式拆模。

②当混凝土强度达到设计强度的 30% 并不低于 C15 时，可以拆除边模，构件翻身强度不得低于设计强度的 70% 且不低于 C20。

③将固定埋件及控制尺寸的螺杆、螺栓全部去除方可拆模、起吊，构件起吊应平稳。

④叠合梁脱模起吊时，混凝土抗压强度应满足达到混凝土设计强度的 75%。

⑤叠合梁外观质量不宜有一般缺陷，不应有严重缺陷，叠合梁制作过程质量控制项目如表 5 – 5 所示。对于已经出现的一般缺陷，应进行修补处理，并重新检查验收；对于已经出现的严重缺陷，修补方案应经设计、监理单位认可之后进行修补处理，并重新检查验收。吊装过程中应注意成品保护，轻吊轻放。

表 5 – 5　叠合梁制作过程质量控制项目一览表

类别	项目	检验内容	依据	性质	数量	检验方法
钢筋加工	钢筋型号、直径、长度、加工精度	检验钢筋型号、直径、长度、弯曲角度	《钢筋混凝土用热轧带肋钢筋》(GB 1499.2—2007)	主控项目	全数	对照图样进行检验
钢筋安装	安装位置、保护层厚度	按制作图样检验	《钢筋混凝土用热轧带肋钢筋》(GB 1499.2—2007)	主控项目	全数	按照图样要求进行安装
伸出钢筋	位置、钢筋直径、伸出长度的误差	按制作图样检验	《钢筋混凝土用热轧带肋钢筋》(GB 1499.2—2007)	主控项目	全数	对照图样用尺测量
预埋件安装	预埋件型号、位置	安装位置、型号、埋件长度	制作图样	主控项目	全数	对照图样用尺测量

续表 5 – 5

类别	项目	检验内容	依据	性质	数量	检验方法
混凝土强度	试块强度、构件强度	同批次试块强度，构件回弹强度	《混凝土结构工程施工质量验收规范》（GB—50204—2015）	主控项目	100 m³ 取样不少于一次	试验室力学检验、回弹仪检验
脱模强度	混凝土构件脱模前强度	检验在同期条件下制作及养护的试块强度	《混凝土结构工程施工质量验收规范》（GB—50204—2015）	一般项目	不少于一组	试验室力学试验
养护	时间、温度	查看养护试件及养护温度	根据工厂制定出的养护方案	一般项目	抽查	计时及温度检查
表面处理	污染、掉角、裂缝	检验构件表面是否有污染或缺棱掉角	工厂制定的构件验收标准	一般项目	全数	目测

7. 检验、堆放及运输

（1）检验分类

分为出厂检验和型式检验。出厂检查项目为外视质量和尺寸偏差规定的全部内容及混凝土抗压强度，产品经检验合格后方可出厂。型式检验项目为除常规外，有下列情况之一时，应进行型式检验：

①产品的材料、配方、工艺有重大改变，可能影响产品性能时。

②产品停产半年以上再投入生产时。

③出厂检验结果与上次型式检验结果有较大差异时。

④国家质量监督检验机构提出型式检验要求时。

⑤结构性能试验每三年检测一次。

（2）组批

同类别、同规格的预制叠合梁为一检验批，不足 151 块，按 151 ~ 280 块的批量算。外观质量和尺寸允许偏差项目检验抽样方案如表 5 – 6 所示。

表 5 – 6　外观质量和尺寸允许偏差项目检验抽样方案

批量范围 N	样本	样本大小		合格判定数		不合格判定数	
		n1	n2	Ac1	Ac2	Re1	Re2
151 ~ 280	1	8		0		2	
	2		8		1		2
281 ~ 500	1	13		0		3	
	2		13		3		4
501 ~ 1200	1	20		0		3	
	2		20		4		5

批量范围 N	样本	样本大小		合格判定数		不合格判定数	
		n1	n2	Ac1	Ac2	Re1	Re2
1201 ~ 3200	1	32		2		5	
	2		32		6		7
3201 ~ 10000	1	50		3		6	
	2		50		9		10
10001 ~ 35000	1	80		5		9	
	2		80		12		13

（3）抽样

①出厂检验抽样

产品出厂检验外观质量和尺寸允许偏差按《计数抽样检验程序第1部分：按接收质量限（AQL）检索的逐批检验抽样计划》（GB/T 2828.1—2012）中正常二次抽样方案进行，项目样本进行抽样。

混凝土抗压强度的样本从外观质量和尺寸允许偏差项目检验合格的产品中随机抽取，抽样方案应按相应项目进行。

②型式检验抽样

产品进行型式检验时，外观质量标准(如表5-7)和尺寸允许偏差(如表5-8)项目样本进行抽样，物理力学性能项目及放射性核素限量(如表5-9)项目样本从外观质量和尺寸允许偏差项目检验合格的产品中随机抽取。

表 5 - 7 预制叠合梁外观质量标准

项次	项目		质量要求
1	露筋		不允许
2	孔洞	任何部位	不允许
3	蜂窝	主要受力部位	不允许
4		次要部位	总面积不超过所在梁面面积的1%
5	麻面、掉皮、鼓泡、起皮		总面积不超过所在梁面面积的2%
6	裂缝	吊环处裂缝	不允许
		面裂	不宜有
7	外表不整齐		轻微

表5-8　叠合梁尺寸允许偏差及检验方法

项目		允许偏差/mm	检验方法
长度	<12 m	±5	尺量检查
	≥12 m且<18 m	±10	
	≥18 m	±20	
宽度及高度	宽度	±5	钢尺量一端及中部,取其中偏差绝对值较大处
	高度	±3	
表面平整度	—	5	2m靠尺和塞尺检查
侧向弯曲	—	L/750且≤20	拉线、钢尺量最大侧向弯曲处
挠度变形	设计起拱	±10	拉线、钢尺量最大侧向弯曲处
	下垂	0	
保护层	主筋保护层厚度	±3	保护层厚度检测仪
预留孔	中心线位置	5	尺量检查
	孔尺寸	±5	
预埋件	中心位置偏差	20	尺量检查
	与构件表面混凝土高差	0,−10	
预留插筋	中心线位置	3	尺量检查
	外露长度	+5,−5	
键槽	中心线位置	5	尺量检查
	长度、宽度、深度	±5	

注:1.本表所列项目摘自《装配式混凝土结构技术规程》(JGJ 1—2014)表11.4.2;

2. L为构件最长边的长度/mm;

3.检查中心线、螺栓和孔道位置偏差时,应沿纵横两个方向量测,取其中偏差较大值。

表5-9　物理力学性能和放射性核素限量检验抽样方案

序号	项目	第一样本	第二样本
1	混凝土抗压强度/组	1	2
2	结构性能/块	1	2
3	放射性核素限量/组	1	2

 想一想　练一练

1.预制钢筋混凝土叠合梁键槽的构造要求?

2.预制钢筋混凝土叠合梁施工工序?

3. 预制钢筋混凝土叠合梁中钢筋及预埋件施工技术要点有哪些?

4. 预制钢筋混凝土叠合梁成品质量检测要求?

知识拓展

预制梁与后浇混凝土叠合层之间的结合面应设置粗糙面,预制梁端面应设置键槽且宜设置粗糙面。键槽的尺寸和数量应按装配式混凝土结构技术规程第 7.2.2 条的规定计算确定。键槽的深度 t 不宜小于 30 mm,宽度 w 不宜小于深度的 3 倍且不宜大于深度的 10 倍。键槽可贯通截面,当不贯通时槽口距离截面边缘不宜小于 50 mm。键槽间距宜等于键槽宽度;键槽端部斜面倾角不宜大于 30°,如图 5-13 所示。

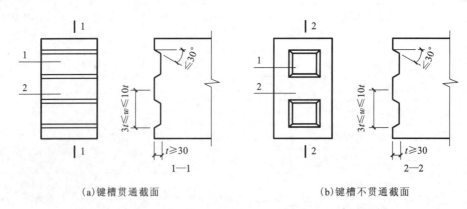

(a)键槽贯通截面　　　　　　　　　　　(b)键槽不贯通截面

图 5-13 梁端键槽构造示意

1—键槽;2—梁端面

叠合梁的箍筋配置应符合下列规定:

①抗震等级为一、二级的叠合框架梁的梁端箍筋加密区宜采用整体封闭箍筋[图5.14(a)];

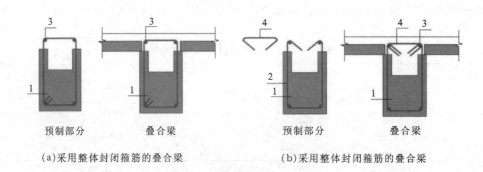

预制部分　　　　叠合梁　　　　　　预制部分　　　　叠合梁

(a)采用整体封闭箍筋的叠合梁　　　　(b)采用整体封闭箍筋的叠合梁

图 5-14 叠合梁箍筋构造示意

1—预制梁;2—开口箍筋;3—上部纵向钢筋;4—箍筋帽

②采用组合封闭箍筋的形式[图5.14(b)]时,开口箍筋上方应做成135°弯钩。非抗震设计时,弯钩端头平直段长度不应小于 5d(d 为箍筋直径)。抗震设计时,平直段长度不应小于10d。现场应采用箍筋帽封闭开口箍,箍筋帽末端应做成135°弯钩。非抗震设计时,弯钩端头平直段长度不应小于 5d。抗震设计时,平直段长度不应小于10d。

88

模块三
竖向构件预制

　　竖向构件是房屋建筑的主要受力部分,包括内墙板、外墙板、柱子、围护墙等。在发展装配式建筑过程中,要提高预制率和装配式,势必要对竖向构件进行预制。比如一间房子有6个面,其中4个面都是竖向构件组成,因此竖向构件的合格生产与安装,也就决定着装配式建筑的推广优越性能否展示出来。尽管当前对于竖向构件的运用还存在些许不成熟或技术瓶颈,但总的来说,推进竖向构件的预制是推进装配式建筑的重要组成部分。本模块主要对内墙板、外墙板、模壳墙及柱子的预制进行介绍。

项目6　内墙板预制

学习目标

1. 掌握内墙板的分类及规格；
2. 掌握内墙板的生产工艺流程；
3. 掌握内墙板的质量要求。

项目描述

预制混凝土剪力墙内墙简称"预制内墙板"，如图6－1所示，在工厂制作完成，用作剪力墙体系的内部分隔墙体，分为无洞口内墙、固定门垛内墙、中间门洞内墙和刀把内墙等四类。不适用于地下室、底部加强部位及相邻上一层、电梯井筒剪力墙、顶层剪力墙。上下层预制内墙板的竖向钢筋采用套筒灌浆连接。本项目主要是根据内墙板生产图纸要求完成墙板的预制。

图6－1　内墙板

内墙板是建筑的重要结构之一，根据位置的不同、功能的不同，结构形式也不相同，如表6－1所示，主要有无洞口内墙、固定门垛内墙、中间门洞内墙、刀把内墙等类型。各种类型的内墙板编号形式及其含义如表6－2所示。

表6－1　内墙板分类表

内墙板类型	示意图	墙板编号	标志宽度	层高	门宽	门高
无洞口内墙		NQ－2128	2100	2800	—	—

续表 6 –1

内墙板类型	示意图	墙板编号	标志宽度	层高	门宽	门高
固定门垛内墙	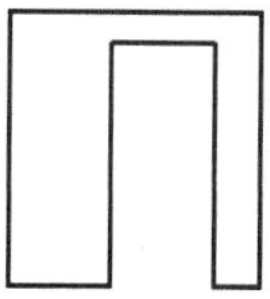	NQM1 – 3028 – 0921	3000	2800	900	2100
中间门洞内墙	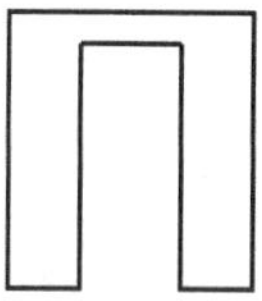	NQM2 – 3029 – 1022	3000	2900	1000	2200
刀把内墙	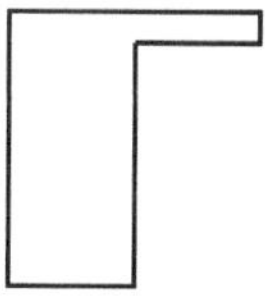	NQM3 – 3329 – 1022	3300	2900	1000	2200

表 6 – 2　内墙板编号表

内墙板类型	示意图	编号
无洞口内墙		NQ　—　××　—　×× 无洞口内墙　标志宽度　层高
固定门垛内墙	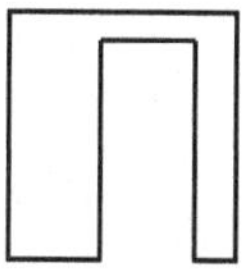	NQM1　—　××　××—××　×× 一门洞内墙　标志宽度　层高　门宽　门高 （固定门垛）
中间门洞内墙		NQM2　—　××　××—××　×× 一门洞内墙　标志宽度　层高　门宽　门高 （中间门洞）
刀把内墙	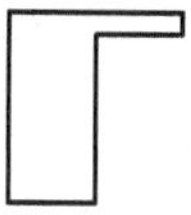	NQM2　—　××　××—××　×× 一门洞内墙　标志宽度　层高　门宽　门高 （刀把内墙）

项目分析

1. 生产工艺

内墙板一般采用平模模具生产。平模生产也称为卧式生产，有四部分组成：侧模、端模、内模、工装与加固系统。在自动化流水线中，一般使用模台作底模；在固定模位中，底模可采用钢模台、混凝土底座等多种形式。侧模与端模是墙的边框模板。有窗户时，模具内要安装窗框内模。带拐角的墙板模具，要在端模的内侧设置内模板。

2. 主要材料

(1)模板：结合定型2.5厚钢模板和钢模板。

(2)连接材料：灌胶套筒。

(3)结构主材：钢筋、混凝土、外加剂、脱模剂、线盒，线管。

(4)辅助材料：预埋件、内埋式螺母、内埋式螺栓、吊钉、钢筋间隔件。

(5)钢筋加工机械，模板加工机械、焊条。

3. 任务流程图

本项目的具体操作过程如图6-2所示：

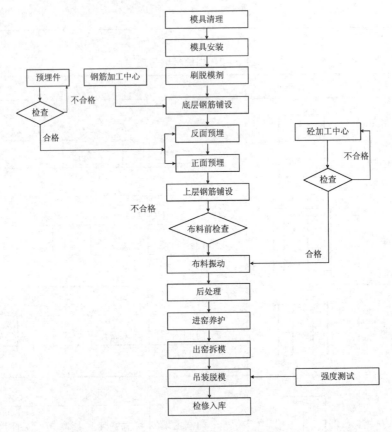

图6-2 内墙板制作工艺流程图

92

📝 知识平台

钢筋连接灌浆套筒是通过水泥基灌浆料的传力作用将钢筋对接连接所用的金属套筒。灌浆套筒是由专门加工的套筒、配套灌浆料和钢筋组装的组合体,在连接钢筋时通过注入快硬无收缩灌浆料,依靠材料之间的黏结咬合作用连接钢筋与套筒。套筒灌浆接头具有性能可靠、适用性广、安装简便等优。

钢筋连接灌浆套筒按照结构形式分类,分为半灌浆套筒(如图6-3所示)和全灌浆套筒(如图6-4所示)。前者一端采用灌浆方式与钢筋连接,而另一端采用非灌浆方式与钢筋连接(通常采用螺纹连接),后者两端均采用灌浆方式与钢筋连接。

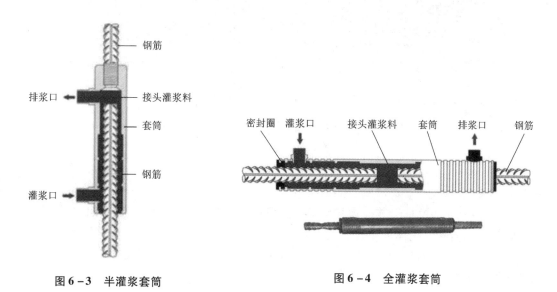

图6-3 半灌浆套筒

图6-4 全灌浆套筒

灌浆套筒材质有碳素结构钢、合金结构钢和球墨铸铁。碳素结构钢和合金结构钢套筒采用机械加工工艺制造;球墨铸铁套筒采用铸造工艺制造。国内目前应用的套筒既有机械加工制作的碳素结构钢或合金结构钢套筒,也有铸造工艺制作的球墨套筒。日本用的灌浆套筒材质为球墨铸铁,大都由中国工厂制造。

 项目实施

1.模台清理

预制装配式混凝土内墙板的模台清理要点:

(1)按照从两边向中间,从上到下的清理路线,将模台上残留的砼渣扫入簸箕,并倒入小车。

(2)清理重点在内挡边模和上挡边模的安装位置,底模上的内幕定位螺丝也必须清理。

(3)模台及长时间未使用的模台/模具需要对表面的锈迹进行清理。

(4)清扫模台,确认模台表面平整无杂物,定位件准确无遗漏,锈蚀、焊渣、黏结物必须

清理干净。

（5）内模的清理重点在外侧、底面和两端，清理挡边模具时要防止对模具的损坏，模具变形必须整改或更换。

（6）清理上挡边模内侧表面时，端头、边模拼接处、边模与模台底模接缝处不可遗漏，可看到型材底色即可，如图6-5所示。

（7）清理固定挡边模具时，重点在内侧面和套筒定位销。

图6-5 模台清理

2.模具安装

如图6-6所示，模具组装应连接牢固、缝隙严密，组装时应进行表面清洗或涂刷脱模剂，脱模剂使用前确保脱模剂在有效使用期内，脱模剂必需均匀涂刷。对于存在变形超过允许偏差的模具一律不得使用，首次使用及大修后的模具应全数检查，使用中的模具应当定期检查，并做好检查记录。

图6-6 模台安装

内模安装要点：

（1）在窗角模具四角放置橡胶块，并用M16丝杆和压板固定，并拧紧。

（2）内边模与模台底模垂直度控制在85°～95°。

（3）内挡边模弯曲度及模台的垂直度要在品质要求范围内。

（4）内模挡边拼接处的橡胶块必须与左右边模对齐，且需清理干净再涂脱模剂。

外模安装要点：

（1）在模台上挡边防止区域涂水性脱模剂。

（2）上挡边放置到位后用压铁紧靠模具，并固定拧紧。

（3）要求上挡边模与模台黏合处缝隙需小于2 mm，否则填结构胶。

（4）要求确认边摸不可变形，弯曲度小于3 mm，否则需要增加夹具校正边摸。

（5）确定上挡边模位置时至少要测量2～3个位置点。

（6）上挡边模夹具安装时末端不要超出模台端面。

3. 刷脱模剂

预制装配式混凝土结构模板与混凝土的接触面应涂隔离剂脱模，如图6-7所示宜选用水性隔离剂，严禁隔离剂污染钢筋与混凝土接槎处。脱模剂应有效减小混凝土与模板之间的吸力，并应具有一定的成模强度，且不应影响脱模后混凝土的表面观感及饰面施工。

图6-7 涂刷脱模剂

（1）涂刷脱模剂的方法

预制混凝土构件在钢筋骨架入模前，应在模具表面均匀涂抹脱模剂。人工涂抹脱模剂要使用干净的抹布或海绵，涂抹均匀后模具表面不允许有明显的痕迹、不允许有堆积、不允许有漏涂等现象。

（2）涂刷脱模剂的注意事项

不论采用哪种涂刷脱模剂的方法，均应按下列要求严格控制：

①应选用不影响构件结构性能和装饰工程施工的隔离剂。

②应选用对环境和构件表面没有污染的脱模剂。

③常用的脱模剂材质有水性和油性两种，构件制作宜采用水性材质的脱模。

④流水线上脱模剂喷涂设备，不适合采用蜡质的脱模剂；硅胶模具应采用专用的脱模剂。

⑤涂刷脱模剂前模具已清理干净。

⑥带有饰面的构件应在装饰材入模前涂刷脱模剂，模具与饰面的接触面不得涂刷脱模剂。

⑦脱模剂喷涂后不要马上作业，应当等脱模剂成膜以后再进行下一道工序。

⑧脱模剂涂刷时应谨慎作业，防止污染到钢筋、埋件等部件，使其性能受损。

（3）涂刷脱模剂的要点

①用透明胶布将橡胶块缝隙处及螺杆伸出橡胶块上包裹。

②在已固定的模具上、侧三面按顺时针方向，用毛刷依次均匀脱模水性脱模剂。

③脱模剂涂抹需全面不可遗漏留死角，涂抹纹路方向一直，且均匀不能有积液。

④涂脱模剂的长度≥模具的长度，宽度≥模具宽度+50 mm，要求涂抹均匀，且无明显积液。

4.底层钢筋铺设

（1）钢筋网片布置

①单块钢筋网不能覆盖的地方另行铺设钢筋网，且两网片相接处需重复。如图6-8所示网片与网片之间搭接，至少需要重叠300 mm或一格网片的搭接。

图6-8 底层钢筋铺设

②网片拼接处需用扎丝绑牢，一格网片搭接时需用扎丝满扎，搭接300 mm及以上可隔一扎一。

③放置钢筋网片的钢筋端头必须与内外边保持20~25 mm的距离作为保护层。

④扎丝的绕圈至少四圈以上，绑扎要牢固但不能绕断扎丝。

⑤底层扎丝头的方向要求统一朝上。

（2）加强筋/抗裂/钢筋笼布置

①墙板四周及门窗洞口四周放置加强筋。

②将外框模、内框模加强筋绑扎在一起形成闭环，再与底层钢筋网绑扎在一起。

③墙板四周及洞口加强筋绑扎时需满扎。

④加强筋应绑扎牢固，四周加强筋距边20~25 mm，洞口加强筋距模边20~25 mm，底层网片下必须放置马镫，确保20 mm保护层。

5.反面预埋

如图6-9所示，按图纸领取封装完毕的86线盒、线管及泡沫预埋件等，根据图纸要求，放置在相应的台车预埋点。

图6-9　反面预埋

（1）水电预埋

将86线盒、线管及泡沫预埋件等按图纸要求连接，对图用卷尺测距，在保温板上用黑色签字笔画线定位，然后将连接好的水电预埋布置妥当。

确保线盒预埋方向正确，不倾斜，不旋转，且连接牢固。

（2）吊钉预埋

确保吊钉与挡边型材垂直，不歪斜；

确保吊钉加强筋与吊钉有效布置；

确保吊钉安装数目符合图纸要求，未有遗漏。

（3）波纹管预埋

缠透明胶带确保波纹管露出部分，无缝隙，保证不漏浆到波纹管内部，不沾染螺杆螺纹。

（4）套筒/软索预埋

确保反面套筒安装固定牢固，振动及流转过程不移位。

确保软索安装牢固，振动及流转过程不移位。

6.正面预埋

（1）预处理

按图纸领取封装完毕的86线盒、线管及泡沫预埋件等，根据图纸要求，放置在相应的台车预埋点。

（2）布置定位

如图6-10所示，将86线盒、线管及泡沫预埋件等按图纸要求连接，对图用卷尺测距定位，然后将连接好的水电预埋布置妥当。

确保线盒预埋方向正确，不倾斜，不旋转，且连接牢固。

7.上层钢筋预埋

（1）钢筋网片布置

图 6 - 10　正面预埋

单块钢筋网不能覆盖的地方另行铺设钢筋网，且两网片相接处需重复。网片与网片之间搭接，至少需要重叠300 mm或一格网片的搭接。网片拼接处需用扎丝绑牢，一格网片搭接时需用扎丝满扎，搭接300 mm及以上可隔一扎一。放置钢筋网片的钢筋端头必须与内外边保持20～25 mm的距离作为保护层。扎丝的绕圈至少四圈以上，绑扎要牢固但不能绕断扎丝，如图6 - 11所示。

图 6 - 11　上层钢筋预埋

（2）加强筋/抗裂/马凳筋布置

墙板四周及门窗洞口四周放置加强筋。将外框模、内框模加强筋绑扎在一起形成闭环，再与底层钢筋网绑扎在一起。墙板四周及洞口加强筋绑扎时需满扎。加强筋应绑扎牢固，四周加强筋距边20～25 mm，洞口加强筋距模边20～25 mm，底层网片下必须放置马镫，确保20 mm保护层。

（3）水泥垫块放置：要求每平方米放置4个水泥垫块。

8.布料前检查

（1）置筋检验

检查钢筋的品种、等级及规格等符合图纸要求。

检查是否有遗漏加强筋、抗裂钢筋。

检查马镫放置平稳，没有倾倒。

（2）吊钉检验

根据图纸对吊钉的型号和数量进行确认，用卷尺对位置尺寸进行确认。

检查吊钉是否安装到位，且安装方向正确，要求小端头置入波胶内。

（3）套筒检验

根据图纸对定位销轴与套筒的型号和数量进行确认，用卷尺对位置尺寸进行确认。

内档和外挡边模有安装套筒时，对其数量和位置尺寸进行确认。

套筒的距离测量要以中心线为准。

（4）水电预埋检验

根据图纸核对线盒、线管的数量及型号。

确定线盒安装方向无误。

确定线盒安装位置是否符合图纸要求。

以上各项目检查标准如表6－3、表6－4、表6－5所示。

表6－3　模具尺寸的允许偏差和检验方法

项次	检验项目及内容		允许偏差/mm	检验方法
1	长度	≤6 m	1，－2	用钢尺量平行构件高度方向，取其中偏差绝对值较大处
		>6 m 且≤12 m	2，－4	
		>12 m	3，－5	
2	截面尺寸	墙板	1，－2	用钢尺测量两端或中部，取其中偏差绝对值较大处
3	对角线差		3	用钢尺量纵、横两个方向对角线
4	侧向弯曲		$L/1500$ 且≤5	拉线、用钢尺量测侧向弯曲最大处
5	翘曲		$L/1500$	对角拉线测量交点间距离值的两倍
6	底模表面平整度		2	用2 m靠尺和塞尺量
7	组装缝隙		1	用塞片或塞尺量
8	端模与侧模高低差		1	用钢尺量

注：1.本表所列项目摘自《装配式混凝土结构技术规程》（JGJ 1—2014）表11.2.3。

表6-4　模具预留孔洞中心位置的允许偏差

项次	检验项目及内容	允许偏差/mm	检验方法
1	预埋件、插筋、吊环、预留孔洞中心线位置	3	用钢尺量
2	预埋螺栓、螺母中心线位置	2	用钢尺量
3	灌浆套筒中心线位置	1	用钢尺量

注：1. 本表所列项目摘自《装配式混凝土结构技术规程》(JGJ 1—2014)表11.2.5。

表6-5　钢筋骨架尺寸和安装位置偏差

项目		允许偏差/mm	检验方法
钢筋骨架	长	±10	钢尺检查
	宽、高	±5	钢尺检查
	钢筋间距	±10	钢尺量两端、中间各一点
受力钢筋	位置	±5	钢尺量两端、中间各一点，取最大值
	排距	±5	
	保护层	+5，-3	钢尺检查
绑扎钢筋、横向钢筋间距		±20	钢尺量连续三档，取最大值
箍筋间距		±20	钢尺量连续三档，取最大值
钢筋弯起点位置		±20	钢尺检查

9. 布料振捣

(1) 报料

操作人员首先核对布料的 PC 件编号，根据编号确定混凝土用量后用对讲机向搅拌站报单。

每日报料三次，第一次报料适当加量10%而且坍落度要适当放大。

(2) 布料

依照先远后近，先窄后宽的要求进行布料。如图 6-12 所示，布料时不要太靠近外边模 5 cm 的距离，以免混凝土外泄到模具和模具外。布料要做到一次到位，做到饱满均匀。

(3) 耙料

以让"砼料不堆高、边角处布料到位、模具边砼料不外流"为目的进行耙料，并将模具外围泄落砼料铲回模具内。

(4) 振动

振动台振动时间一般控制在 5~10 s，表面达到平坦无气泡的状态即可。

10. 后处理

(1) 检查清理

混凝土浇捣平面必须与边模平高，检查构件表面不可有露出钢筋。

检查预埋件是否有移位和倾斜，将其校正到标准位置。

图 6 - 12 布料振捣

检查表面是否有石子或马凳筋等凸起物件。

（2）墙槽工装放置

用手将墙槽工装压入混凝土内，用力均匀；同时用抹子抹平挤压凸出的混凝土。

注意墙槽工装上浮，则上压重物保证压入深度。

（3）抹面

用抹子将构件表面混凝土抹平，使得表面平整、均匀，如图 6 - 13 所示。

（4）拉毛

用塑料扫把从构件表面一边缘开始沿着从上到下，从左至右的方向进行细拉毛，要求覆盖全表面，不可有遗漏，然后反向再拉毛一次，如图 6 - 14 所示。

图 6 - 13 抹面

图 6 - 14 拉毛

11. 养护

（1）进窑前准备

确认台车编号、模具型号、入窑时间并指定入窑位置后做好记录。

检查台车周围及窑内提升机周围无障碍物。

进窑前将保鲜膜盖好,如图 6-15 所示。

(2)进窑养护

养护时要按规定的时间周期检查养护系统测试的窑内温度、湿度,并做好检查记录。

养护过程中,要做好定期的现场检查、巡视工作,及时发现窑内自然条件的变化。

养护时间为 8~12 h。

(3)出窑

台车出窑前确认周围无障碍。

按生产指令要求选定相应台车、确定库位后,出窑操作,如图 6-16 所示。

确认台车编号、模具型号、出窑时间等《养护登记表》做好记录。

图 6-15 入窑养护   图 6-16 出窑

12. 拆模

(1)拆内模

如图 6-17 所示,用橡胶锤适当敲击内边模,使其与构件松动脱离,再用撬棍撬开。清理拆卸后砼渣。

(2)拆套筒/门窗洞堵浆螺杆

用电动扳手垂直方向逆时针松堵浆螺杆,并将其放入周转箱内。

检查套筒螺纹均不可堵塞,确保无遗漏。

(3)拆预埋孔治具/压铁

用电动扳手拧下全丝螺杆,取出盖板,清理后随车流转使用。

(4)拆上挡边模具

将上边模上的波胶螺栓、垫片取下,再用锤子、铁撬将波胶撬出。

在拆除上挡边模具、窗洞及门洞挡边模具时,保证 PC 件表面棱角及台车不损伤与变形。

(5)拆钢筋笼模具

用橡胶锤适当敲击内边模,使其与构件松动脱离,再用撬棍撬开。

清理拆卸后砼渣。

图 6 – 17   拆模

13.吊装脱模

（1）脱模前准备

强度测试，脱模强度不得小于 15 MPa 方可起吊。

安装吊环及吊爪，两头起吊的选用拉锁吊具，3~4 头起吊的选用横梁式吊具。

（2）起吊脱模

如图 6 – 18 所示，翻转台车，吊具顺着翻转的方向上提，大约到 85°时按翻转停止按钮停止翻转。

整个起吊过程中，要防止吊钉脱落，保证自身和周围物件的安全。

14.成品检验入库

（1）检测修补

检测主要是定位套筒的螺纹是否完整以及 PC 件的棱角、崩角等缺陷。

（2）构件贴码存放

将 PC 构件起吊到高于存放架高度，并移动到放置位置，缓慢吊入。

调整插销宽度，再使用铁锤将插销敲紧。

PC 件进入存放架时，要调整构件平衡，不能摇摆。

（3）构件转运

当线边货架装满时，将线边整体运输架周转至成品库存区域。

图 6 – 18　吊装脱模

 想一想　练一练

1. 描述下列预制构件的名称和规格：NQ2128；NQM1 – 3028 – 0921；NQM2 – 3029 – 1022；NQM3 – 3330 – 1022。

2. 钢筋套筒灌浆连接的原理是什么？

3. 查找资料，学习并理解混凝土配合比的工艺性指标——坍落度的含义。

 知识拓展

常用的标准

15G365—1 预制混凝土剪力墙内墙板

GBT 51231—2016 装配式混凝土建筑技术标准

JGJ 1—2014 装配式混凝土结构技术规程

JGJ 355—2015 钢筋套筒灌浆连接应用技术规程

GB 50204—2015 混凝土结构工程施工质量验收规范

项目7 外墙板预制

学习目标

1. 掌握外墙板的分类及规格；
2. 掌握外墙板的生产工艺流程；
3. 掌握外墙板的质量要求。

项目描述

预制混凝土剪力墙外墙板是一种结构保温一体化的预制实心剪力墙，如图7-1所示，由外叶、内叶和中间层三部分组成。内叶是预制混凝土实心剪力墙，中间层为保温隔热层，外叶为保温隔热层的保护层。保温隔热层与内外叶采用拉结件连接。拉结件可以采用玻璃纤维钢筋或不锈钢拉结件。预制混凝土夹心保温剪力墙通常为建筑物的承重外墙。本项目主要是根据生产图纸要求进行外墙板的预制。

图7-1 外墙板

1. 内叶墙板

标准图集《预制混凝土剪力墙外墙板》(15G365—1)中的内叶墙板共5种形式，标号如表7-1所示，分类如表7-2所示。

表7-1　内叶墙板编号表

内叶墙板类型	示意图	编号
无洞口外墙		WQ － ×× － ×× 无洞口外墙　标志宽度　层高
一个窗洞高窗台外墙		WQC1 － ×× ××－×× ×× 一窗洞外墙高窗台　标志宽度　层高　窗宽　窗高
一个窗洞矮窗台外墙		WQCA － ×× ××－×× ×× 一窗洞外墙矮窗台　标志宽度　层高　窗宽　窗高
两窗洞外墙		WQC2 － ×× ××－×× ×× －×× ×× 两窗洞外墙　标志宽度　层高　左窗宽 左窗高　右窗宽 右窗高
一个门洞		WQM － ×× ××－×× ×× 一门洞外墙　标志宽度　层高　门宽 门高

表7-2　内叶墙板分类表

墙板类型	示意图	墙板编号	标志宽度	层高	门/窗宽	门/窗高	门/窗宽	门/窗高
无洞口外墙		WQ－2428	2400	2800	—	—	—	—
一个窗洞外墙（高窗台）		WQC1－3028－1514	3000	2800	1500	1400	—	—
一个窗洞外墙（矮窗台）		WQCA－3029－1517	3000	2900	1500	1700	—	—
两个窗洞外墙		WQC2－4830－0615－1515	4800	3000	600	1500	1500	1500
一个门洞外墙		WQM－3628－1823	3600	2800	1800	2300	—	—

106

2. 外叶墙板

标准图集《预制混凝土剪力墙外墙板》（15G365—1）中的外叶墙板共有两种类型，如图7-2所示。

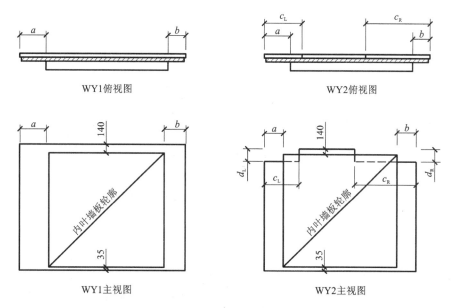

图7-2 外叶墙板类型图

（1）标准外叶墙板 WY1（a、b），按实际情况标注 a、b；

（2）带阳台板外叶墙板 WY2（a、b、c_L 或 c_R、d_L 或 d_R），按外叶墙板实际情况标注 a、b、c_L 或 c_R、d_L 或 d_R。

 项目分析

1. 生产工艺

预制混凝土剪力墙外墙板一般采用平模模具生产。平模生产也称为卧式生产，有四部分组成：侧模、端模、内模、工装与加固系统。在自动化流水线中，一般使用模台作底模；在固定模位中，底模可采用钢模台、混凝土底座等多种形式。侧模与端模是墙的边框模板。有窗户时，模具内要安装窗框内模。带拐角的墙板模具，要在端模的内侧设置内模板。

2. 主要材料

（1）模板：结合定型2.5厚钢模板。

（2）连接材料：灌胶套筒、拉结件。

（3）结构主材：钢筋、混凝土、外加剂、脱模剂、线盒，线管。

（4）辅助材料：保温材料、预埋件、内埋式螺母、内埋式螺栓、吊钉、钢筋间隔件、石材、瓷砖、白水泥、表面涂料（乳胶漆、氟碳漆、真石漆等）。

（5）钢筋加工机械，模板加工机械、焊条。

3.任务流程图

本项目的具体操作过程如图7-3所示:

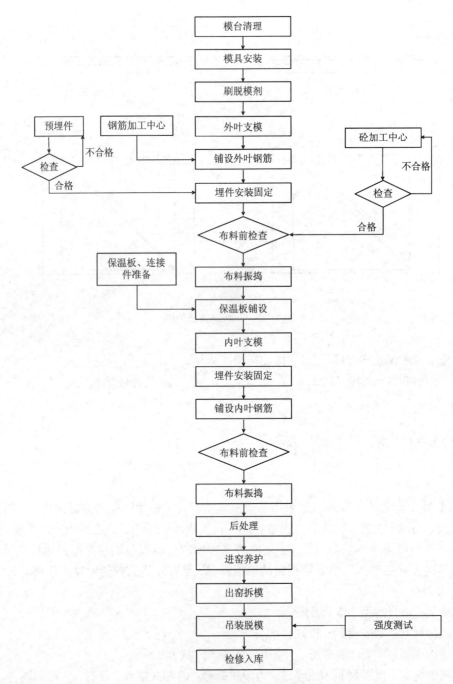

图7-3 外墙板生产工艺加工流程图

知识平台

1. 拉结件简介

夹心保温板即"三明治"板，是两层钢筋混凝土板中间夹着保温材料的装配式混凝土外墙构件。两层钢筋混凝土板(内叶板和外叶板)靠拉结件连接，如图 7-4 所示。

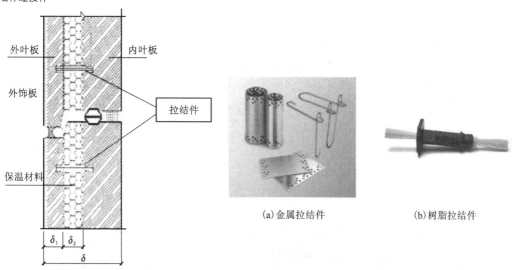

(a)金属拉结件　　　　(b)树脂拉结件

图 7-4　拉结件

2. 非金属拉结件

非金属拉结件材质由高强玻璃纤维和树脂制成，导热系数低，应用方便，如图 7-5 所示，在美国应用较多。美国 Thermomass 公司的产品较为著名，国内南京斯贝尔公司也有类似的产品。

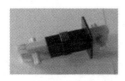　　

Ⅰ型FRP连接件　　　Ⅱ型FRP连接件　　　Ⅲ型FRP连接件

图 7-5　FRP 拉结件

3. 金属拉结件

欧洲三明治板较多使用金属拉结件，德国"哈芬"公司的产品，材质是不锈钢，包括不锈钢杆、不锈钢板和不锈钢圆筒。

哈芬的金属拉结件在力学性能、耐久性和确保安全性方面有优势，但导热系数比较高，埋置麻烦，价格也比较贵。

4.拉结件标准

（1）金属及非金属材料拉结件均应具有规定的承载力、变形和耐久性能，并应经过试验验证。

（2）拉结件应满足防腐和耐久性要求。

（3）拉结件应满足夹心外墙板的节能设计要求。

 **项目实施**

1.模台清理

预制装配式混凝土结构的模具以钢模为主，面板主材选用 Q235 钢板，支持结构可选型钢或者钢板，规格可根据模具形式选择，支撑体系应具有足够的承载力、刚度和稳定性，应保证在构件生产时能可靠承受浇筑混凝土的重量，侧压力及工作荷载。预制装配式混凝土结构在浇筑混凝土前，模板及叠合类构件内的杂物应清理干模板安装和混凝土浇筑时，应对模板及其支撑体系进行检查和维护。

清理要点：

（1）按照从两边向中间，从上到下的清理路线，将模台上残留的砼渣扫入簸箕，并倒入小车，如图 7 -6 所示。

图 7 -6　模台清理

（2）清理重点在内挡边模和上挡边模的安装位置，底模上的内幕定位螺丝也必须清理。

（3）模台及长时间未使用的模台/模具需要对表面的锈迹进行清理。

（4）清扫模台，确认模台表面平整无杂物，定位件准确无遗漏，锈蚀、焊渣、黏结物必须清理干净。

（5）内模的清理重点在外侧、底面和两端，清理挡边模具时要防止对模具的损坏，模具变形必须整改或更换。

（6）清理上挡边模内侧表面时，端头、边摸拼接处、边摸与模台底模接缝处不可遗漏，可看到型材底色即可。

（7）清理固定挡边模具时，重点在内侧面和套筒定位销。

2. 模具安装

模具组装应连接牢固、缝隙严密，组装时应进行表面清洗或涂刷脱模剂，脱模剂使用前确保脱模剂在有效使用期内，脱模剂必需均匀涂刷。模具必须清理干净，不得存有铁锈、油污及混凝土残渣，接触面不应有划痕、锈渍和氧化层脱落等现象。边模与大底模通过螺栓连接，为了快速拆卸，宜选用 M12 的粗牙螺栓，在每个边模上设置 3～4 个定位销，以更精确地定位。连接螺栓的间距控制在 500～600 mm 为宜，定位销间距不宜超过 1500 mm。对于存在变形超过允许偏差的模具一律不得使用，首次使用及大修后的模具应全数检查，使用中的模具应当定期检查，并做好检查记录。

模具安装如图 7－7 所示。

图 7－7　模具安装

内模安装要点：

（1）在窗角模具四角放置橡胶块，并用 M16 丝杆和压板固定，并拧紧。

（2）内边模与模台底模垂直度控制在 85°～95°。

（3）内挡边模弯曲度及模台模的垂直度要在品质要求范围内。

（4）内模挡边拼接处的橡胶块必须与左右边模对齐，且需清理干净再涂脱模剂。

外模安装要点：

（1）在模台上挡边防止区域涂水性脱模剂。

（2）上挡边放置到位后用压铁紧靠模具，并固定拧紧。

（3）要求上挡边模与模台黏合处缝隙需小于 2 mm，否则填结构胶。

（4）要求确认边摸不可变形，弯曲度小于 3 mm，否则需要增加夹具校正边摸。

（5）确定上挡边模位置时至少要测量 2～3 个位置点。

（6）上挡边模夹具安装时末端不要超出模台端面。

3. 刷脱模剂

如图 7－8 所示，预制装配式混凝土结构模板与混凝土的接触面应涂隔离剂脱模，宜选用水性隔离剂，严禁隔离剂污染钢筋与混凝土接槎处。脱模剂应有效减小混凝土与模板之间的吸力，并应具有一定的成模强度，且不应影响脱模后混凝土的表面观感及饰面施工。

（1）涂刷脱模剂的方法。预制混凝土构件在钢筋骨架入模前，应在模具表面均匀涂抹脱

图7-8 刷脱模剂

模剂。涂刷脱模剂有自动涂刷和人工涂刷两种方法：

①流水线上配有自动喷涂脱模剂设备，模台运转到该工位后，设备启动开始喷涂脱模剂，设备上有多个喷嘴保证模台每个地方都均匀喷到，模台离开设备工作面设备自动关闭。喷涂设备上适用的脱模剂为水性或者油性，不适合蜡质的脱模剂

②人工涂抹脱模剂要使用干净的抹布或海绵，涂抹均匀后模具表面不允许有明显的痕迹、不允许有堆积、不允许有漏涂等现象。

（2）涂刷脱模剂的注意事项。不论采用哪种涂刷脱模剂的方法，均应按下列要求严格控制：

①应选用不影响构件结构性能和装饰工程施工的隔离剂。

②应选用对环境和构件表面没有污染的脱模剂。

③常用的脱模剂材质有水性和油性两种，构件制作宜采用水性材质的脱模

④流水线上脱模剂喷涂设备，不适合采用蜡质的脱模剂；硅胶模具应采用专用的脱模剂。

⑤涂刷脱模剂前模具已清理干净。

⑥带有饰面的构件应在装饰材入模前涂刷脱模剂，模具与饰面的接触面不得涂刷脱模剂。

⑦脱模剂喷涂后不要马上作业，应当等脱模剂成膜以后再进行下一道工序。

⑧脱模剂涂刷时应谨慎作业，防止污染到钢筋、埋件等部件，使其性能受损。

（3）涂刷脱模剂的要点

①用透明胶布将橡胶块缝隙处及螺杆伸出橡胶块上包裹。

②在已固定的模具上、侧三面按顺时针方向，用毛刷依次均匀脱模水性脱模剂。

③脱模剂涂抹需全面不可遗漏留死角，涂抹纹路方向一直，且均匀不能有积液。

④涂脱模剂的长度≥模具的长度，宽度≥模具宽度+50 mm，要求涂抹均匀，且无明显积液。

4.铺设外叶钢筋

外墙板由两部分钢筋组成，外叶钢筋为冷轧带肋钢筋网片。外叶钢筋的制作要求：

①钢筋网和钢筋骨架在整体装运、吊装就位时，应采用多吊点的起吊方式，防止发生扭曲、弯折、歪斜等变形。

②吊点应根据其尺寸、重量及刚度而定。宽度大于1 m的水平钢筋网宜采用四点起吊，跨度小于6 m的钢筋骨架宜采用亮点起吊，跨度大、刚度差的钢筋骨架宜采用横吊梁(铁扁担)四点起吊。

③为了防止吊点处钢筋受力变形，宜采取兜底吊或增加辅助用具。

④钢筋骨架入模时，钢筋应平直、无损伤，表面不得有油污、颗粒状或片状老绣，应轻放，防止变形。

⑤钢筋入模前，应按要求敷设局部加强筋。

⑥钢筋入模后，还应对叠合部位的主筋和构造钢筋进行保护，防止外露钢筋在混凝土浇筑过程中受到污染。而影响到钢筋的握裹强度，已受到污染的部位应及时清理。

5. 埋件安装固定

因外叶墙的预埋构件可以忽略，所以埋件安装固定做法详见内叶墙。预埋结束后，参照表7-3、表7-4、表7-5进行各项目的安装位置偏差检查。

表7-3 模具尺寸的允许偏差和检验方法

项次	检验项目及内容		允许偏差/mm	检验方法
1	长度	≤6 m	1，-2	用钢尺量平行构件高度方向，取其中偏差绝对值较大处
		>6 m且≤12 m	2，-4	
		>12 m	3，-5	
2	截面尺寸	墙板	1，-2	用钢尺测量两端或中部，取其中偏差绝对值较大处
3	对角线差		3	用钢尺量纵、横两个方向对角线
4	侧向弯曲		$L/1500$且≤5	拉线、用钢尺量测侧向弯曲最大处
5	翘曲		$L/1500$	对角拉线测量交点间距离值的两倍
6	底模表面平整度		2	用2 m靠尺和塞尺量
7	组装缝隙		1	用塞片或塞尺量
8	端模与侧模高低差		1	用钢尺量

注：1. 本表所列项目摘自《装配式混凝土结构技术规程》(JGJ 1—2014)表11.2.3。

表7-4 模具预留孔洞中心位置的允许偏差

项次	检验项目及内容	允许偏差/mm	检验方法
1	预埋件、插筋、吊环、预留孔洞中心线位置	3	用钢尺量
2	预埋螺栓、螺母中心线位置	2	用钢尺量
3	灌浆套筒中心线位置	1	用钢尺量

注：1. 本表所列项目摘自《装配式混凝土结构技术规程》(JGJ 1—2014)表11.2.5。

表7-5 钢筋骨架尺寸和安装位置偏差

项目		允许偏差/mm	检验方法
钢筋骨架	长	±10	钢尺检查
	宽、高	±5	钢尺检查
	钢筋间距	±10	钢尺量两端、中间各一点
受力钢筋	位置	±5	钢尺量两端、中间各一点,取最大值
	排距	±5	
	保护层	+5, -3	钢尺检查
绑扎钢筋、横向钢筋间距		±20	钢尺量连续三档,取最大值
箍筋间距		±20	钢尺量连续三档,取最大值
钢筋弯起点位置		±20	钢尺检查

6.混凝土布料、振捣

(1)混凝土入模

①喂料斗半自动入模,人工通过操作布料机前后左右移动来完成混凝土的浇筑如图7-9所示,混凝土浇筑量通过人工计算或者经验来控制,是目前国内流水线上最常用的浇筑入模方式。

图7-9 混凝土布料、振捣

②料斗人工入模,人工通过控制起重机使料斗来回移动以完成混凝土浇筑的方式,适用在异形构件及固定模台的生产线上,其浇筑点、浇筑时间不固定,但浇筑量完全通过人工控制,优点是机动灵活、造价低。

③智能化入模,布料机根据计算机传送过来的信息,自动识别图样以及模具,从而自动完成布料机的移动和布料,工人通过观察布料机上显示的数据,来判断布料机内剩余的混凝土量并随时补充。混凝土浇筑过程中,布料机遇到窗洞口时,将自动关闭卸料口以防止混凝土误浇筑。

④混凝土浇筑要求

混凝土无论采用何种入模方式,浇筑时应符合下列要求:

a)混凝土浇筑前应当做好混凝土的检查,检查内容:混凝土坍落度、温度、含气量等,并且拍照存档。

b)浇筑混凝土应均匀连续,从模具一端开始。

c)投料高度不宜超过 500 mm。

d)浇筑过程中应有效的控制混凝土的均匀性、密实性和整体性。

e)混凝土浇筑应在混凝土初凝前全部完成。

f)混凝土应边浇筑边振捣。

g)冬季混凝土入模温度不应低于5℃。

h)混凝土浇筑前应制作同条件养护试块等。

(2)混凝土振捣

①固定模台插入式振动棒振捣,如图7-10所示,预制构件振捣与现浇不同,由于套管、预埋件多,普通振动棒可能下不去,应采用超细振动棒或者手提式振动棒。

图 7 - 10　混凝土振捣

②固定模台附着式振动器振捣　固定模台生产板类构件如叠合楼板、阳台板等薄壁性构件可选用附着式振动器。

③固定模台平板振动器振捣　平板振动器适用于墙板生产内表面找平振动,或者局部辅助振捣

④流水线振动台自动振捣　流水线振动台通过水平和垂直振动从而达到混凝土的密实。欧洲的柔性振动平台可以上下、左右、前后360°方向的运动,从而保证混凝土密实,且噪声控制在75DB 以内。

7.保温板铺设

夹心保温外墙板制作通常采用两次作业法。外叶墙浇筑后,在混凝土初凝前将保温拉结件埋置到外叶墙混凝土中,经过养护待混凝土完全凝固并达到一定强度后,铺设保温材料,再浇筑内叶墙混凝土。铺设保温材料和浇筑内叶墙一般是在第二天进行。夹心外墙板夹心层中的保温材料,较多采用的是挤塑聚苯乙烯板(XPS)、硬泡聚氨酯(PUR)、酚醛、岩棉等轻质高效保温材料。保温材料应符合国家现行有关标准的规定。

(1)保温工序:构件加工图→聚苯放样→聚苯下料→聚苯铺装。为保证聚苯的保温性能,聚苯尺寸严格按照图纸下料,允许偏差 -3～0 mm。

保温板铺设如图 7-11 所示,具体要求所示:

①保温层铺设应从四周开始往中间铺设;

②应尽可能采用大块保温板铺设,减少拼接缝带来的热桥;

③不管是一次作业法,还是二次作业法,拉结件处都应当在保温板上钻孔后插入。

④对于接缝或留孔的空隙应用聚氨酯发泡进行填充。

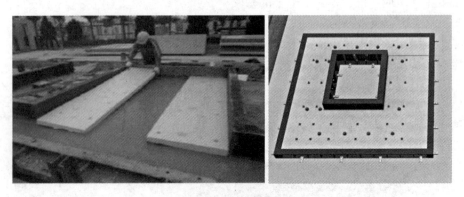

图 7-11　保温板铺设

(2)拉结件工序:拉结件布置图→聚苯打孔→插入拉结件→拉结件调整→浇筑

根据工程设计,采用纤维增强塑料拉结件,该拉结件是连接 EPS/XPS 等保温板两侧混凝土板,抵抗两片混凝土板之间的分离作用以及墙体间的剪力的一种构件,由十字形的 FRP 连接条和圆形的 ABS 工程塑料套环组成,套环与连接条的相对位置根据实际要求可以调动。根据拉结件布置图,将拉结件插入保温板孔槽中,并应立即转动 180°形成局部搅拌,并应保证在内外叶墙中的锚固长度。

夹芯保温外墙板浇筑混保温房凝土时需要考虑拉结件的埋置方式和锚固长度—外叶板要求。

①预埋式。预埋式适用于金属类拉结件。如图 7-12 所示。采用需预先绑扎的拉结件应当在混凝土浇筑前,提前将拉结件安装绑扎完成,浇筑好混凝土后严禁扰动拉结件。

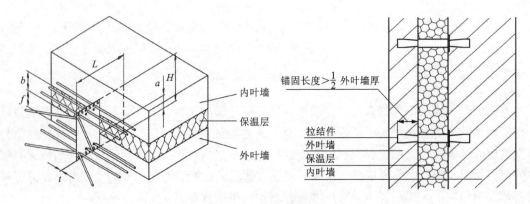

图 7-12　拉结件构造图

当外叶墙厚度为 50 mm 时，不锈钢拉结件锚入外叶墙的深度为 45 mm（哈芬公司提供参考数值，下同）。

当外叶墙厚度为 60 mm 时，不锈钢拉结件锚入外叶墙的深度为 50 mm。

②插入式。插入式适用于 FRP 拉结件的埋置。如图 7 - 13 所示。

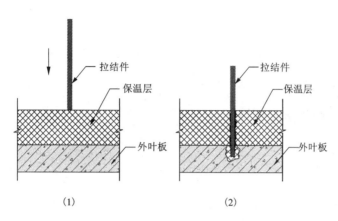

图 7 - 13　插入式拉结件危险的做法

外叶墙混凝土浇筑后，要求在初凝前插入拉结件，防止混凝土初凝后拉结件插不进去或虽然插入但混凝土握裹不住拉结件。严禁隔着保温层材料插入拉结件，这样的插入方式会把保温层破碎的颗粒挤到混凝土中，破碎颗粒与混凝土共同包裹拉结件会直接削弱拉结件的锚固力量，非常不安全。

外叶墙常见的厚度为 50 ~ 60 mm，FRP 拉结件锚入外叶墙的长度为 35 mm（利物宝公司提供参考数值）

③拉结件的锚固长度。不锈钢、FRP 或其他拉结方式的拉结件，锚入外叶墙的深度应由设计提供标准，设计未能提供的，由拉结件供应专业单位出具专项方案，也应由设计验算、复核、确认。

外叶墙厚度只有 50 mm 的情况下，若锚剪距固长度不足，构件存在极大的安全和质量风险。无论采用哪种拉结方式，其锚入外叶墙锚固的长度至少应超过外叶墙截面的中心处。

国家标准《装配式混凝土建筑技术标准》（GB/T 51231—2016）中夹心保温墙板成型规定：

①夹芯保温墙板内外叶墙体拉结件的品种、数量、位置对于保证外叶墙结构安全、避免墙体开裂极为重要，其安装必须符合设计要求和产品技术手册。

②带保温材料的预制构件宜采用水平浇筑方式成型，夹芯保温墙板成型尚应符合下列规定：

a)拉结件的数量和位置应满足设计要求。b)应采取可靠措施保证拉结件位置、保护层厚度，保证拉结件在混凝土中可靠锚固。c)应保证保温材料间拼缝严密或使用粘接材料密封处理。d)在上层混凝土浇筑完成之前，下层混凝土不得初凝。

8. 内叶支模、加固

内叶支模、加固做饭参考外叶支模、加固，如图 7 - 14 所示。

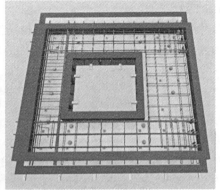

图 7 – 14　内叶支模、加固

9. 埋件安装固定

预制构件上所有的套筒、孔洞内模、金属波纹管、预埋件附件等，安装位置都要做到准确，并必须满足方向性、密封性、绝缘性和牢固性等要求。定位方法应该在模具设计阶段考虑周全，增加固定辅助设施，尤其要注意控制灌浆套筒及连接用钢筋的位置及垂直度。

（1）套筒固定

①套筒与受力钢筋连接，钢筋要伸入套筒定位销处（半灌浆套筒为钢筋拧入）；套筒另一端与模具上的定位组件连接牢固。

②套筒安装前，先将固定组件加长螺母卸下，将固定组件的专用螺杆从模板内侧插入并穿过模板固定孔（直径 12.5 ~ 13 的通孔），然后在模板外侧的螺杆一端装上加长螺母，用手拧紧即可，如图 7 – 15 所示。

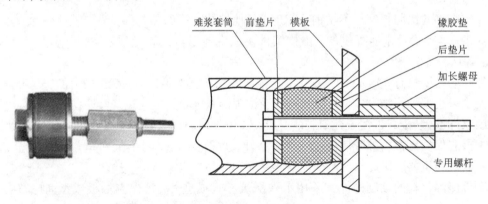

图 7 – 15　埋件安装固定

③套筒与固定组件的连接。套筒固定前，先将套筒与钢筋连接好，再将套筒灌浆腔端口套在已经安装在模板上的固定组件橡胶垫端。

④要注意控制灌浆套筒及连接钢筋的位置及垂直度，构件浇筑振捣作业中，应及时复查和纠正，振捣棒高频振动可能引起的套筒或套筒内钢筋跑位的现象。

⑤要注意不要对套筒固定组件专用螺栓施加侧向力，以免弯曲。

（2）孔洞内模固定

①按孔洞内模内径偏小 1～1.5 mm 加工带倒角的定位圆形板，如图 7 − 16 所示。

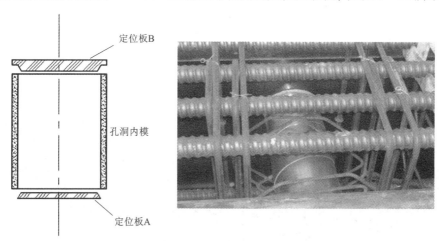

图 7 − 16　孔洞内模固定

（3）预埋件固定

预埋件要固定牢靠，防止浇筑混凝土振捣过程中松动偏位，如图 7 − 17 所示。

图 7 − 17　预埋件固定

（4）机电管线与预埋物固定

装配式建筑一般尽可能采取管线分离的原则，即使是有管线预埋在构件当中，也仅限于防雷引下线、叠合楼板的预埋灯座、墙体中强弱电预留管线与箱盒等少数机电预埋物。

①布置机电管线和预埋物在管线布置中，如果预埋管线离钢筋或预埋件很近，影响混凝土的浇筑，要请监理和设计给出调整方案。

②固定机电管线和预埋物对机电管线和预埋物在钢筋骨架内的部分一般采用钢筋定位架固定，机电管线和预埋物出构件平面或在构件平面上的，一般采用在模具上的定位孔或定位螺栓固定。

a）防雷引下线固定。防雷引下线采用镀锌扁钢，镀锌扁钢于构件两端各需伸出 150 mm，以便现场焊接。镀锌扁钢宜通长设置，穿过端模上的槽口，与箍筋绑扎或焊接定位。

b）预埋灯盒固定。首先，根据灯盒开口部内净尺寸定制八角形定位板，定位板就位后，将灯盒固定于定位板上。

c)强弱电预留管线固定。强弱电管线沿纵向或横向排管，随钢筋绑扎固定，其折弯处应采用合适规格的弹簧弯管器进行弯折。

d)箱盒固定。箱盒一般采用工装架进行固定，工装架固定点位与箱盒安装点位一致。

10.内叶钢筋铺设

外墙板由两部分钢筋组成，结构层为受力主筋直径不小于 8 mm 的钢筋骨架。

铺设方法和要求参考外叶钢筋的铺设，如图 7-18 所示。

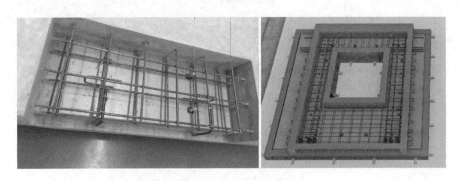

图 7-18　内叶钢筋铺设

为了减轻构件的重量，有时候设计对一些装配式建筑中的非结构部分填充减重材料，如外墙板的窗下墙等，常见的填充减重材料是聚苯乙烯发泡板（EPS）。

（1）铺设位置铺设填充减重材料应注意：减重材料在结构中的位置必须准确，可采用筋定位的方式加以固定，保证混凝土在成型过程中位置不发生偏离。

（2）固定方式对外观尺寸在 400 mm×400 mm 以上的减重材料，其下部的混凝土难以浇密实时可采用两次浇筑的方式，即先浇筑减重材料下部的混凝土，然后安放减重材料，再扎上部钢筋和浇筑上部混凝土；对外观尺寸在 400 mm×400 mm 以下的减重材料，可以绑扎固定在钢筋骨架中一体化浇筑，依靠混凝土的流动性使减重材料的下部混凝土密实。

（3）固定措施由于减重材料相对比较轻，在混凝土浇筑振动过程中很容易上浮，因此要采取绑扎固定、限位钢筋（抱箍）的措施防止减重材料上浮，如图 7-19 所示。

根据填充减重材料的尺寸配置限位钢筋（限位筋如图 7-19 中 C 部大样所示），每个方向少设置两道，随钢筋骨架绑扎定位，必要时采取点焊的方式，使其牢牢固定在钢筋骨架上。

以上预埋及铺设完成后，参考表 7-6 进行偏差检查。

表 7-6　预埋件加工允许偏差

项次	检验项目及内容		允许偏差/mm	检验方法
1	预埋件锚板的边长		0，-5	用钢尺量
2	预埋件锚板的平整度		1	用直尺和塞尺量
3	锚筋	长度	10，-5	用钢尺量
		间距偏差	±10	用钢尺量

注：1、本表所列项目摘自《装配式混凝土结构技术规程》（JGJ 1—2014）表11.2.4。

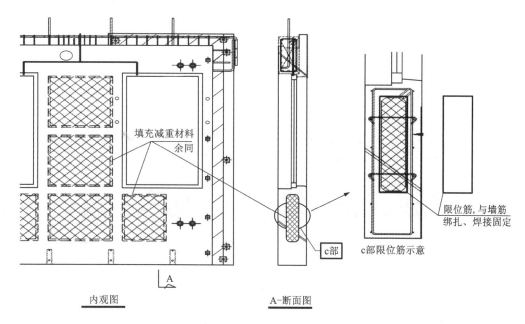

图 7 - 19 减重材料铺设

11. 混凝土布料、振捣

参考外叶墙混凝土的浇筑和振捣做法，如图 7 - 20 所示。

图 7 - 20 混凝土布料、振捣

12. 后处理

(1)压光面 混凝土浇筑振捣完成后在混凝土终凝前，应当先采用木质抹子对混凝土表面砂光，砂平，然后用铁抹子压光直至压光表面。

(2)粗糙面

①预制构件粗糙面成型可采用预涂缓凝剂工艺，脱模后采用高压水冲洗，如图 7 - 21 所示。

②叠合面粗糙面可在混凝土初凝前进行拉毛处理。

③需要在浇筑面预留键槽，应在混凝土浇筑后用内模或工具压制成型。

④浇筑面边角做成45°抹角，如叠合板上部边角，或用内模成型，或由人工抹成。

图7-21　水洗

（3）信息芯片埋设

预制构件生产企业应建立构件生产管理信息化系统，用于记录构件生产关键信息，以追溯、管理构件的生产质量和进度。有些地方，政策上强制要求必须在预制构件内埋设信息芯片，如图7-22所示。有些地方暂无要求。

图7-22　信息芯片埋设

①芯片的规格。芯片为超高频芯片，外观尺寸约为3 mm×20 mm×80 mm。

②芯片的埋设。芯片录入各项信息后，宜将芯片浅埋在构件成形表面，埋设位置宜建立统一规则，便于后期识制读取。埋设方法如下：

a）竖向构件收水抹面时，将芯片埋置在构件浇筑面中心距楼面60～80 cm高处，带窗构件则埋置在距窗洞下边20～40 cm中心处，并做好标记。脱模前将打印好的信息表粘贴于标记处，便于查找芯片埋设位置。

b）水平构件一般放置在构件底部中心处，将芯片粘贴固定在平台上，与混凝土整体浇筑；

c) 芯片埋深以贴近混凝土表面为宜, 埋深不应超过2 cm, 具体以芯片供应厂家提供数据实测为准。

（4）涂刷缓凝剂

当模具面需要形成粗糙面时, 构件制作中常用的方法是: 在模具面上涂刷缓凝剂, 待成型构件脱模后, 用压力水冲洗和去除表面没有凝固的灰浆, 露出骨料而形成"粗糙面", 通常也将这种方式称为"水洗面"。为达到较好的粗糙面效果, 缓凝剂需结合混凝土配合比、气温及空气湿度等因素适当调整。涂刷缓凝剂还要特别注意:

①选用专业厂家生产的粗糙面专用缓凝剂。

②按照设计要求的粗糙面部位涂刷。

③按照产品使用要求进行涂刷。

13. 进窑养护

养护是混凝土质量的重要环节, 对混凝土的强度、抗冻性、耐久性有很大的影响。混凝土养护有3种方式: 常温、蒸汽、养护剂养护。

预制混凝土构件一般采用蒸汽（或加温）养护, 蒸汽（或加温）养护可以缩短养护时间, 快速脱模, 提高效率, 减少模具和生产能力的投入, 如图7-23所示。

图7-23 进窑养护

（1）在条件允许的情况下, 预制墙板推荐采用自然养护。当采用蒸汽养护时, 应按照养护制度的规定, 进行温控, 避免预制构件出现温差裂缝。对于夹心外墙板的养护, 还应考虑保温材料的热变形特点, 合理控制养护温度。

（2）夹芯保温外墙板采取蒸汽养护时, 养护温度不宜大于50℃, 以防止保温材料变形造成对构件的破坏。

（3）预制构件脱模后可继续养护, 养护可采用水养、洒水、覆盖和喷涂养护剂等一种或几种相结合的方式。

（4）水养和洒水养护的养护用水不应使用回收水, 水中养护应避免预制构件与养护池水有过大的温差, 洒水养护次数以能保持构件处于润湿状态为度, 且不宜采用不加覆盖仅靠构件表面洒水的养护方法。

(5)当不具备水养或洒水养护条件或当日平均气温低于5℃时,可采用涂刷养护剂方式;养护剂不得影响预制构件与现浇混凝土面的结合强度。

14.出窑拆模

构件脱模要求

①构件蒸养后,蒸养罩内外温差小于20℃时方可进行脱模作业。

②构件脱模应严格按照顺序拆除模具,脱模顺序应按支模顺序相反进行,应先脱非承重模板后脱承重模板,先脱帮模再脱侧模和端模、最后脱底模。不得使用振动方式脱模。

③构件脱模时应仔细检查确认构件与模具之间的连接部分完全拆除后方可起吊。

④当构件混凝土强度达到设计强度的30%并不低于C15时,可以拆除边模。

15.吊装脱模

(1)构件脱模起吊要求

构件脱模起吊时,应根据设计要求或具体生产条件确定所需的混凝土标准立方体抗压强度,并满足下列要求:

①构件脱模起吊时,混凝土强度应满足设计要求。当设计无要求时,构件脱模时的混凝土强度不应小于15 MPa。

②外墙板、楼板等较薄预制混凝土构件起吊时,混凝土强度应不小于20 MPa。

③当构件翻身强度不得低于设计强度的70%且不低于C20,经过复核满足翻身和吊装要求时,允许将构件翻身和起吊;当构件强度大于C15,低于70%时,应和模具平台一起翻身,不得直接起吊构件翻身。构件起吊应平稳,楼板应采用专用多点吊架进行起吊,复杂构件应采用专门的吊架进行起吊。

④预制构件使用的吊具和吊装时吊索的夹角,涉及拆模吊装时的安全,此项内容非常重要,应严格执行。在吊装过程中,吊索水平夹角不宜小于60°且不应小于45°,尺寸较大或形状复杂的预制构件应使用分配梁或分配桁架类吊具,并应保证吊车主钩位置、吊具及预制构件重心在垂直方向重合。

⑤高宽比大于2.5以上的大型预制构件,应边脱模边加支撑避免预制构件倾倒。

⑥构件多吊点起吊时,应保证各个吊点受力均匀。

⑦水平反打的墙板、挂板和管片类预制构件,宜采用翻板机翻转或直立后再行起吊。

(2)翻转作业要点

①脱模后进行表面检查,检查吊装用、翻转吊点埋件周边混凝土是否有松动或裂痕。

②设计图纸未明确用作构件翻转的吊点,不可擅自使用;须向设计提出,由设计确认翻转吊点位置和做法。

③自动翻转台设备和航吊设备要保持良好的状态,严禁设备带病上岗。

④翻转作业应设置专门的场地。

⑤应使用正确的吊点和工具进行翻转,如图7-24所示。

⑥翻转作业应有专人指挥。

⑦捆绑软带式翻转作业或双吊钩作业,主副钩升降应协同。

⑧吊钩翻转需做好构件支垫处保护工作。

⑨捆绑软带式翻转作业

⑩应采用符合国家标准、安全可靠的吊带。

⑪应限定吊带使用次数和寿命，使用吊带应有专人进行记录。

⑫吊带在日常使用中应有专人进行复查。

⑬应避免吊带直接接触锋利的棱角，使用橡胶软垫进行保护

⑭自动翻转台的液压支承应牢固、可靠，长时间停用时应先试运行再投入正式使用。

图 7 - 24　吊装脱模

脱模后进行外观检查和尺寸检查。

（1）表面检查重点

①蜂窝、孔洞、夹渣、疏松。

②表面层装饰质感。

③表面裂缝。

④破损。

（2）尺寸检查重点

①伸出钢筋是否偏位。

②套筒是否偏位。

③孔眼。

④预埋件。

⑤外观尺寸。

⑥平整度。

（3）模拟检查

对于套筒和预留钢筋孔的位置误差检查，可以用模拟方法进行。即按照下部构件伸出钢筋的图纸，用钢板焊接钢筋制作检查模板，上部构件脱模后，与检查模板试安装，看能否顺利插入。如果有问题，及时找出原因，进行调整改进。

16．检修入库

（1）应根据预制构件的种类、规格、型号、使用先后次序等条件，有计划分开堆放，堆放须平直、整齐、下垫枕木或木方，并设有醒目的标识，如图 7 - 25 所示。

（2）预制构件暴露在空气中的预埋铁件应当采取保护措施，防止产生锈蚀。

（3）预埋螺栓孔应用海绵棒进行填塞，防止异物入内，外露螺杆应套塑料帽或泡沫材包裹以防碰坏螺纹。

（4）产品表面禁止油脂、油漆等污染。

（5）成品堆放隔垫应采用防污染的措施。

图 7 - 25　检修入库

要构件下线入库中，可能会发现部分位置存在瑕疵，此时需要进行以下处理：

（1）粗糙面处理方法

对设计要求的模具面的粗糙面进行处理：

①按照设计要求的粗糙面处理。

②缓凝剂形成粗糙面。

③稀释盐酸形成粗糙面。

④机械打磨形成粗糙面。

（2）表面修补

根据表面检查预制构件表面如有影响美观的情况，或是有轻微掉角、裂纹要即时进行修补，制定修补方案。

①掉角修补方法。

②混凝土表面气泡和蜂窝、麻面的修补方法。

（3）裂缝处理

构件出现裂缝的原因是很多的，一般由混凝土原材料质量不稳、温差过大，混凝土收缩变化严重、以及构件起吊脱模受力不均等原因造成。

①当构件出现一般缺陷或严重缺陷时，应进行判断与处理，下面给出上海市地方标准供读者参考。

②构件制作阶段出现的裂缝原因和处理办法，见表 7 - 7 所示。

表 7 - 7 常见的质量问题

环节	序号	问题	危害	原因	检查	预防与处理措施
构件制作	1	混凝土表面龟裂	构件耐久性差,影响结构使用寿命	搅拌混凝土时水灰比过大	质检员	要严格控制混凝土的水灰比
	2	混凝土表面裂缝	影响结构可靠性	构件养护不足,浇筑完成后混凝土静养时间不到就开始蒸汽加热养护或蒸汽养护脱模后温差较大造成	质检员	在蒸汽养护之前混凝土构件要静养 2 ~ 6 h 后开始蒸汽加热养护,脱模后要放在厂房内保持温度,构件养护要及时
	3	混凝土预埋件附件裂缝	造成埋件握里力不足,形成安全隐患	预埋件处应力集中或拆模时模具上固定埋件的螺栓拧下,用力过大	质检员	预埋件附近增设钢丝网或玻纤网,拆模时拧下螺栓用力适宜

 想一想　练一练

1. 描述下列预制构件的名称和规格:WQ3328;WQC1 - 3329 - 1214;WQCA - 3930 - 2118;WQC2 - 4830 - 0615 - 1515

2. 钢筋入模时为什么要确保混凝土保护层厚度?保护层作用有哪些?

3. 为什么要进行预制构件生产的隐蔽工程验收?隐蔽工程验收的主要内容是什么?

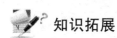 **知识拓展**

1. 常用的标准

15G365—1 预制混凝土剪力墙外墙板

GBT 51231—2016 装配式混凝土建筑技术标准

JGJ 1—2014 装配式混凝土结构技术规程

JGJ 355—2015 钢筋套筒灌浆连接应用技术规程

GB 50204—2015 混凝土结构工程施工质量验收规范

2. 装饰层敷设

预制构件表面装饰层包括石材反打、装饰面砖反打和装饰混凝土。

(1)石材反打

石材反打是将石材反铺到预制构件模板上,用不锈钢挂钩将其与钢筋连接,然后浇筑混凝土,装饰石材与混凝土构件结合为一体,如图 7 - 26 所示。

①石材入模铺设前,应根据板材排版图核对石材尺寸,提前在石材背面安装锚固卡钩和涂刷防泛碱处理剂,卡钩的使用部位、数量和方向按预制构件设计深化图样确定

②外装饰石材底膜之间应设置保护胶带或橡胶垫,有减轻混凝土落料的冲击力和防止饰面受污染的作用。

图 7-26 铺设、固定反打石材

（2）装饰面砖反打

①面砖的图案、分割、色彩、尺寸应符合设计文件的有关要求。

②面砖铺贴之前应清理模具，并在底模上绘制安装控制线，按控制线校正饰面铺贴位置并采用双面胶或硅胶固定，如图 7-27 所示。

③面砖与底模之间应设置橡胶垫或保护胶带，防止饰面污染。

④面砖铺设后表面应平整，接缝应顺直，接缝的宽度和深度应符合设计要求。

3. 预制外墙板制作的常见质量问题及解决办法。

表 7-8 汇总了外墙板制作过程中常见的质量问题及解决办法，如遇到，可参考处理。

图 7 – 27　装饰面砖反打

表 7 – 8　常见的质量问题及成因

质量问题	危害	原因	检查	预防及解决
套管、灌浆料质量不合格	耐久性	没按设计要求	工厂总工	按设计要求采购
		不合理的降低成本	驻场监理	工厂做试验检验
拉结件质量不合格	影响外墙板的安全	没按设计要求	工厂总工	按要求采购
		不合理的降低成本	驻场监理	
预埋螺母、螺栓不合格	脱模、转运、安装存在安全隐患，造成安全事故	没按设计要求	工厂总工	按要求采购
		不合理的降低成本	驻场监理	
接缝橡胶条弹性不好	结构发生层间位移时，构件活动空间不够	没按设计要求	质量总监、监理	按要求采购
		不合理的降低成本		
密封胶不适用	漏水，影响结构安全	没按设计要求	质量总监、监理	按设计要求采购
		不合理的降低成本		采购经试验的产品
防雷引下线不能防锈蚀	生锈，脱落	没按设计要求	质量总监、监理	按设计要求采购
		不合理的降低成本		采购经试验的产品
混凝土强度不足	影响结构安全	配合比，原材料	实验室负责人	检查配合比和原材料无误后再搅拌混凝土
混凝土表面蜂窝、孔洞、麻面	耐久性差、影响结构使用寿命	振捣不实，模板接缝不严、漏浆，模板清除不干净，分层浇筑厚度过大	质量检查员	清理模具，组装牢固，分层振捣，充分振捣
混凝土表现疏松	耐久性差、影响结构使用寿命	漏振或者振捣不实	质量检查员	振捣时间要充足
混凝土表面龟裂	耐久性差、影响结构使用寿命	水胶比过大	质量检查员	严格控制水胶比

续表 7-8

质量问题	危害	原因	检查	预防及解决
混凝土表面裂缝	影响结构的可靠性	养护不足，静养时间不够就开始蒸汽养护，脱模后温差过大	质量检查员	两小时静养，脱模后要放在厂房内保持温度
混凝土预埋件附近裂缝	预埋件握裹力不足，形成安全隐患	构件制作完成，固定埋件的螺栓拆卸过早	质量检查员	螺栓要在养护结束后拆卸
混凝土表面起灰	结构抗冻性差，影响稳定性	水胶比过大	质量检验员	严格控制水胶比
漏筋	生锈膨胀，导致构件损坏	漏振，振捣不实，保护层垫块间隔件过大	质量检验员	充分振捣，工艺设计给出垫块的间隔距离
保护层厚度不足	容易造成漏筋，耐久性降低	放置了错误的垫块	质量检验员	正确放置保护层垫块
外伸钢筋数量或直径不对	构件无法安装，形成废品	钢筋加工错误	质量检验员	钢筋制作要严格检查
外伸钢筋位置误差较大	构件无法安装	钢筋加工错误	质量检验员	钢筋制作要严格检查
外伸钢筋伸出长度不足	锚固长度不够，结构安全隐患	钢筋加工错误	质量检验员	钢筋制作要严格检查
套筒，预留孔，预埋件	构件无法安装，形成废品	质量检查不仔细	质量检验员	工人和质检员严格检查
套筒、预留孔不垂直	构件无法安装，形成废品	质量检查不仔细	质量检验员	工人和质检员严格检查
缺棱掉角，破损	外观质量不合格	构件脱模强度不够	质量检验员	脱模前要有实验室给出的强度报告，达到要求方可脱模
尺寸误差超过允许误差	构件无法安装，形成废品	模具组装错误	质量检验员	严格按照要求组模
拉结件处空隙过大	造成冷桥现象	安装保温板不细心	质量检验员	工人和质检员严格检查
拉结件锚固不牢	脱落等安全隐患	安装工艺不熟练	质量检验员	工人和质检员严格检查
支撑点位置不对	构件断裂，成为废品	支撑高度不一，传递不平整，没按要求设置支撑点的位置	工厂质量总监	严格按照设计要求堆放
构件磕碰损坏	外观质量不合格	吊点设计不平衡，吊运过程没做好保护	质量检查员	吊点设计合理，吊运过程做好保护，落吊时速度要缓慢
构件被污染	外观质量不合格	没做好保护	质量检查员	对构件进行苫盖，不能用油手套去摸构件

项目8　模壳墙预制

 学习目标

1. 掌握模壳墙构成；
2. 掌握模壳墙的生产工艺流程；
3. 掌握模壳墙的质量要求。

 项目描述

现接到生产模壳墙的生产任务，模壳墙又称"双皮墙"，如图8-1所示。模壳墙结构两个主轴方向的抗侧刚度不宜相差过大，模壳墙应形成明确的墙肢和连梁。

图 8-1　模壳墙

其布置应符合下列规定：
（1）平面布置宜简单、规则，不应采用仅单向有墙的结构布置；
（2）宜自下到上连续布置，避免刚度突变；
（3）门窗洞口宜上下对齐、成列布置，洞口两侧墙肢宽度不宜相差过大；
（4）抗震等级为一、二、三级剪力墙的底部加强部位不应采用上下洞口不对齐的错洞墙，全高均不宜采用洞口局部重叠的叠合错洞墙。

◢◣ 项目分析

模壳墙是多层叠合剪力墙的一种,可分为预制空心墙及预制夹心保温空心墙。如图8-2所示。

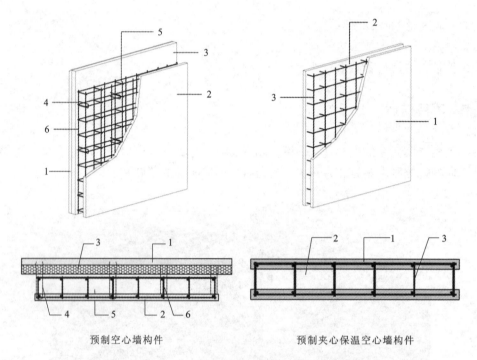

预制空心墙构件   预制夹心保温空心墙构件

图8-2　预制空心墙构件及预制夹心保温空心墙构件

1—预制部分;2—空腔部分;3—成型钢筋笼;1—外叶板;2—内叶板;3—保温层;4—保温连接件;5—空腔部分;6—成型钢筋笼

多层叠合剪力墙结构墙肢厚度不宜小于200 mm,夹心保温叠合剪力墙墙肢厚度不宜小于150 mm,预制墙板厚度均不宜小于50 mm。

多层叠合剪力墙结构应进行重力、风荷载及多遇地震作用下的构件及接缝承载力验算和结构层间变形验算,并应进行设防烈度地震作用下的水平接缝承载力验算,且应满足抗剪不屈服的性能要求。

多层叠合剪力墙结构的高宽比不宜超过表8-1的规定。

表8-1　房屋最大高宽比

烈度	6度	7度	8度
最大高宽比	3.5	3.0	2.5

多层叠合剪力墙结构体系应符合下列规定：

（1）墙体布置宜均匀对称，沿平面宜对齐，沿竖向应上下连续；应采用纵、横墙共同承重，且纵横向墙体的数量不宜相差过多；

（2）不宜采用平面不规则及开大洞的平面；

（3）剪力墙间距不宜超过表8-2的规定；

（4）层高不宜大于4.5 m。

表8-2　剪力墙最大间距

屋盖形式	6度、7度	8度
叠合楼盖	15	11

 知识平台

墙体节能保温材料包括有机类（如苯板、聚苯板、挤塑板、聚苯乙烯泡沫板、硬质泡沫聚氨酯、聚碳酸酯及酚醛等）、无机类（如珍珠岩水泥板、泡沫水泥板、复合硅酸盐、岩棉、蒸压砂加气混凝土砌块、传统保温砂浆等）和复合材料类（如金属夹芯板、芯材为聚苯、玻化微珠、聚苯颗粒等），保温防裂材料：（电焊网、热镀锌钢丝网、网格布）。

如图8-3所示，外墙夹心保温是将保温材料置于外墙的内、外侧墙片之间。

优点：

（1）对内侧墙片和保温材料形成有效的保护，对保温材料的选材要求不高，聚苯乙烯、玻璃棉以及脲醛现场浇注材料等均可使用。

（2）对施工季节和施工条件的要求不十分高，不影响冬季施工。在黑龙江、内蒙古、甘肃北部等严寒地区曾经得到一定的应用。

缺点：

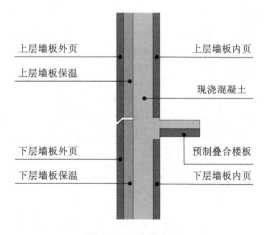

图8-3　墙体保温

(1)在非严寒地区，此类墙体与传统墙体相比尚偏厚。

(2)内、外侧墙片之间需有连接件连接，构造较传统墙体复杂。

(3)外围护结构的"热桥"较多。在地震区，建筑中圈梁和构造柱的设置，"热桥"更多，保温材料的效率仍然得不到充分的发挥。

(4)外侧墙片受室外气候影响大，昼夜温差和冬夏温差大，容易造成墙体开裂和雨水渗漏。

 项目实施

一、施工准备

1.材料

(1)混凝土强度等级为 C30。

(2)成型钢筋笼。

(3)图集中的 HRB400 钢筋可用同直径的 CRB550 或 CRB600H 钢筋代替。

2.机具设备

(1)机械：钢筋除锈机、钢筋调直机、钢筋切断机、电焊机。

(2)工具：钢筋钩子、钢筋扳子、钢丝刷、火烧丝铡刀、墨线。

(3)模具准备与安装。

二、作业条件

(1)钢筋进场，应检查是否有出厂合格证明、复试报告，并按指定位置、按规格、部位编号分别堆放整齐。

(2)钢筋绑扎前，应检查有无锈蚀现象，除锈之后再运到绑扎部位。熟悉图纸，按设计要求检查已加工好的钢筋规格、形状、数量是否正确。

(3)模壳墙模板支好、预检完毕。

(4)检查预埋钢筋或预留洞的数量、位置、标高要符合设计要求。

(5)根据图纸要求和工艺规程向施工班组进行交底。

三、制作流程

模壳墙制作流程如图 8-4 所示，第一面墙的预制方法与叠合板预制方法相似，待第一面预制完成，经养护硬化后，通过模台翻转机，将第一面墙所在的模台翻转，压入第二面模台上准备好的模具内的混凝土中，一起振捣密实，经养护硬化后即完成模壳墙的预制。

四、制作工艺

模壳墙制作工艺主要包括：模台清理—模具安装—喷脱模剂—钢筋绑扎及布设预埋件——面混凝土布料、振捣成型—养护—脱模—模台翻转，将另外一边的钢筋压入已布置好的混凝土中、振捣成型—养护—脱模—检验与存放等 12 个环节。

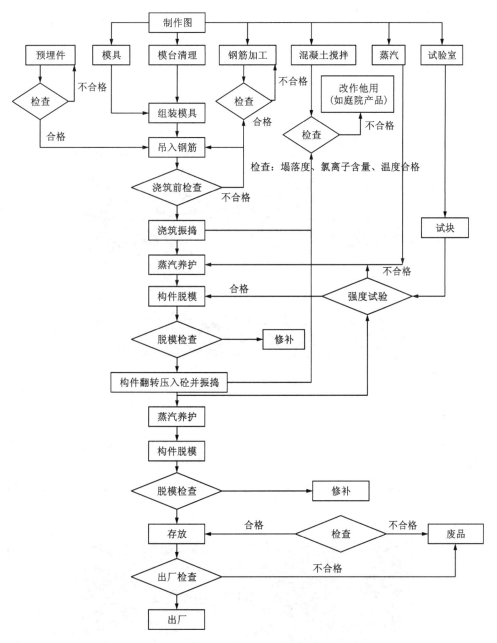

图 8 - 4　模壳墙制作流程图

1. 模台清理

如图 8 - 5 所示，模具每次使用后，应清理干净，不得留有水泥浆和混凝土残渣。根据生产设备的不同，模具清理分为机械设备清理和人工清理两种形式。

(1)按照从两边向中间，从上到下的清理路线，将模台上残留的砼渣扫入簸箕，并倒入小车。

(2)清理重点在内挡边模和上挡边模的安装位置，底模上的内幕定位螺丝也必须清理。

（3）模台及长时间未使用的模台、模具需要对表面的锈迹进行清理。

（4）清扫模台，确认模台表面平整无杂物，定位件准确无遗漏，锈蚀、焊渣、黏结物必须清理干净。

（5）清理上挡边模内侧表面时，端头、边摸拼接处、边摸与模台底模接缝处不可遗漏，可看到型材底色即可。

（6）清理固定挡边模具时，重点在内侧面和套筒定位销。

图 8-5　模台清扫

2. 模具安装

模具组装应连接牢固、缝隙严密，组装时应进行表面清洗或涂刷脱模剂，脱模剂使用前确保脱模剂在有效使用期内，脱模剂必需均匀涂刷。对于存在变形超过允许偏差的模具一律不得使用，首次使用及大修后的模具应全数检查，使用中的模具应当定期检查，并做好检查记录，如图 8-6 所示。

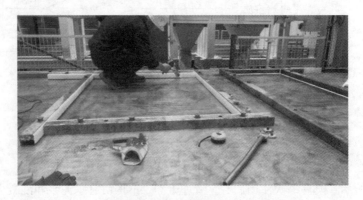

图 8-6　模具安装

3. 喷脱模剂

模台上模具安装完后，要对模台喷脱模剂，如图 8-7 所示。

（1）涂刷脱模剂的方法　预制混凝土构件在钢筋骨架入模前，应在模具表面均匀涂抹脱模

图 8 - 7　脱模剂喷涂

剂。涂刷脱模剂有自动涂刷和人工涂刷两种方法:

①流水线上配有自动喷涂脱模剂设备,模台运转到该工位后,设备启动开始喷涂脱模剂,设备上有多个喷嘴保证模台每个地方都均匀喷到,模台离开设备工作面设备自动关闭。喷涂设备上适用的脱模剂为水性或者油性,不适合蜡质的脱模剂

②人工涂抹脱模剂要使用干净的抹布或海绵,涂抹均匀后模具表面不允许有明显的痕迹、不允许有堆积、不允许有漏涂等现象。

(2)涂刷脱模剂的要点　不论采用哪种涂刷脱模剂的方法,均应按下列要求严格控制:

①应选用不影响构件结构性能和装饰工程施工的隔离剂。

②应选用对环境和构件表面没有污染的脱模剂。

③常用的脱模剂材质有水性和油性两种,构件制作宜采用水性材质的脱模剂。

④流水线上脱模剂喷涂设备,不适合采用蜡质的脱模剂;硅胶模具应采用专用的脱模剂。

⑤涂刷脱模剂前模具已清理干净。

⑥带有饰面的构件应在装饰材入模前涂刷脱模剂,模具与饰面的接触面不得涂刷脱模剂。

⑦脱模剂喷涂后不要马上作业,应当等脱模剂成膜以后再进行下一道工序。

⑧脱模剂涂刷时应谨慎作业,防止污染到钢筋、埋件等部件,使其性能受损。

(3)涂刷缓凝剂

当模具面需要形成粗糙面时,构件制作中常用的方法是:在模具面上涂刷缓凝剂,待成型构件脱模后,用压力水冲洗和去除表面没有凝固的灰浆,露出骨料而形成"粗糙面",通常也将这种方式称为"水洗面"。为达到较好的粗糙面效果,缓凝剂需结合混凝土配合比、气温及空气湿度等因素适当调整。涂刷缓凝剂还要特别注意:

①选用专业厂家生产的粗糙面专用缓凝剂。

②按照设计要求的粗糙面部位涂刷。

③按照产品使用要求进行涂刷。

4. 钢筋投放及布设预埋件

图 8-8 所示为钢筋笼投放控制要点：

（1）为了防止吊点处钢筋受力变形，宜采取兜底吊或增加辅助用具。

（2）钢筋骨架入模时，钢筋应平直、无损伤，应轻放，防止变形。

（3）钢筋入模前，应按要求敷设局部加强筋。

（4）钢筋入模后，还应对叠合部位的主筋和构造钢筋进行保护，防止外露钢筋在混凝土浇筑过程中受到污染。

图 8-8　钢筋绑扎及布设预埋件

装配式建筑一般尽可能采取管线分离的原则，即使是有管线预埋在构件当中，也仅限于防雷引下线、叠合楼板的预埋灯座、墙体中强弱电预留管线与箱盒等少数机电预埋物。

（1）布置机电管线和预埋物在管线布置中，如果预埋管线离钢筋或预埋件很近，影响混凝土的浇筑，要请监理和设计给出调整方案。

（2）固定机电管线和预埋物对机电管线和预埋物在钢筋骨架内的部分一般采用钢筋定位架固定，机电管线和预埋物出构件平面或在构件平面上的一般采用在模具上的定位孔或定位螺栓固定。

①防雷引下线固定。防雷引下线采用镀锌扁钢，镀锌扁钢于构件两端各需伸出 150 mm，以便现场焊接。镀锌扁钢宜通长设置，穿过端模上的槽口，与箍筋绑扎或焊接定位。

②预埋灯盒固定。首先，根据灯盒开口部内净尺寸定制八角形定位板，定位板就位后，将灯盒固定于定位板上。

③强弱电预留管线固定。强弱电管线沿纵向或横向排管随钢筋绑扎固定，其折弯处应采用合适规格的弹簧弯管器进行弯折。

④箱盒固定。箱盒一般采用工装架进行固定，工装架固定点位与箱盒安装点位一致。

5. 一面混凝土布料、振捣成型

模壳墙一面墙体混凝土布料、振捣如图 8-9 所示，在混凝土浇筑前，应先进行以下工作：

（1）隐蔽工程验收内容

混凝土浇捣前，应对钢筋、套筒、预埋件等进行隐蔽工程检查验收。

（2）隐蔽工程验收程序

隐蔽工程应通知驻厂监理验收，验收合格并填写隐蔽工程验收记录后才可以进行混凝土浇筑。

图 8-9　布料、振捣成型

（3）照片、视频档案

建立照片、视频档案不是国家要求的，但对追溯原因、追溯责任十分有用，所以应该建立档案。拍照时用小白板记录该构件的使用项目名称、检查项目、检查时间、生产单位等。对关键部位应当多角度的拍照，照片要清晰。

隐蔽工程检查记录应当与原材料检验记录一起在工厂存档，存档按时间、项目进行分类存储，照片、影像类资料应电子存档与刻盘。

6. 养护

养护是混凝土质量的重要环节如图 8-10 所示，包括 5 个过程，对混凝土的强度、抗冻性、耐久性有很大的影响。混凝土养护有 3 种方式：常温、蒸汽、养护剂养护。

图 8-10　蒸汽养护过程曲线图

预制混凝土构件一般采用蒸汽（或加温）养护，蒸汽（或加温）养护可以缩短养护时间，快速脱模，提高效率，减少模具和生产能力的投入。

（1）在条件允许的情况下，预制墙板推荐采用自然养护。如图 8-11 所示，当采用蒸汽养护时，应按照养护制度的规定，进行温控，避免预制构件出现温差裂缝。对于夹心外墙板的养护，还应考虑保温材料的热变形特点，合理控制养护温度。

（2）夹芯保温外墙板采取蒸汽养护时，养护温度不宜大于 50℃，以防止保温材料变形造成对构件的破坏。

图 8 - 11　立体养护窑蒸汽养护

（3）预制构件脱模后可继续养护，养护可采用水养、洒水、覆盖和喷涂养护剂等一种或几种相结合的方式。

（4）水养和洒水养护的养护用水不应使用回收水，水中养护应避免预制构件与养护池水有过大的温差，洒水养护次数以能保持构件处于润湿状态为度，且不宜采用不加覆盖仅靠构件表面洒水的养护方法。

（5）当不具备水养或洒水养护条件或当日平均气温低于5℃时，可采用涂刷养护剂方式；养护剂不得影响预制构件与现浇混凝土面的结合强度。

7. 脱模

构件脱模要求：

图 8 - 12　脱模

(1)构件蒸养后,蒸养罩内外温差小于20℃时方可进行脱模作业。

(2)构件脱模应严格按照顺序拆除模具,脱模顺序应按支模顺序相反进行,应先脱非承重模板后脱承重模板,先脱帮模再脱侧模和端模、最后脱底模。不得使用振动方式脱模。构件脱模顺序应按支模顺序相反进行,应先脱非承重模板后脱承重模板,先脱帮模再脱侧模和端模、最后脱底模。不得使用振动方式脱模。

(3)构件脱模时应仔细检查确认构件与模具之间的连接部分完全拆除后方可起吊。

(4)用后浇混凝土或砂浆、灌浆料连接的预制构件结合处,设计有具体要求时,应按设计要求进行粗糙面处理,设计无具体要求时,可采用化学处理、拉毛或凿毛等方法制作粗糙面。

8.翻边预制

翻转构件,使另外一边的钢筋压入已布置好的混凝土中、振捣成型如图8-13所示,将钢筋压入混凝土以后,通过模台震动使混凝土振捣成型。

图8-13　翻边预制

9.养护

构件的养护一般在养护窑中进行,如图8-14所示为PC工厂常见的立体养护窑。

10.脱模

构件养护完之后,要对构件进行脱模,如图8-15所示。

图8-14 立体养护窑   图8-15 脱模

11. 模壳墙的检验及存放

模壳墙的检测：表8-3、表8-4为模壳墙质量检验表。

表8-3 模壳墙制作过程质量检验项目一览表

类别	项目	检验内容	依据	性质	数量	检验方法
钢筋加工	钢筋型号、直径、长度、加工精度	检验钢筋型号、直径、长度、弯曲角度	《钢筋混凝土用热轧带肋钢筋》(GB1449)	主控项目	全数	对照图样进行检验
钢筋安装	安装位置、保护层厚度	按制作图样检验	《钢筋混凝土用热轧带肋钢筋》(GB1449)	主控项目	全数	按照图样要求进行安装
伸出钢筋	位置、钢筋直径、伸出长度的误差	按制作图样检验	《钢筋混凝土用热轧带肋钢筋》(GB1449)	主控项目	全数	对照图样用尺测量
预埋件安装	预埋件型号、位置	安装位置、型号、埋件长度	制作图样	主控项目	全数	对照图样用尺测量
混凝土强度	试块强度、构件强度	同批次试块强度，构件回弹强度	《混凝土结构工程施工质量验收规范》(GB—50204—2015)	主控项目	100 m³取样不少于一次	试验室力学检验、回弹仪检验
脱模强度	混凝土构件脱模前强度	检验在同期条件下制作及养护的试块强度	《混凝土结构工程施工质量验收规范》(GB—50204—2015)	一般项目	不少于一组	试验室力学试验
养护	时间、温度	查看养护试件及养护温度	根据工厂制定出的养护方案	一般项目	抽查	计时及温度检查
表面处理	污染、掉角、裂缝	检验构件表面是否有污染或缺棱掉角	工厂制定的构件验收标准	一般项目	全数	目测

表 8 – 4 模壳墙板检验项目一览表

类别	项目	检验内容	依据	性质	数量	检验方法
伸出钢筋	位置、直径、种类、伸出长度	型号、位置、长度	制作图样	主控项目	全数	尺量
保护层厚度	保护层厚度	检验保护层厚度是否达到图样要求	制作图样	主控项目	抽查	保护层厚度检测仪
严重缺陷	纵向受力钢筋有露筋、主要受力部位有蜂窝、孔洞、夹渣、疏松、裂缝	检验构件外观	制作图样	主控项目	全数	目测
一般缺陷	有少量蜂窝、孔洞、夹渣、疏松、裂缝	检验构件外观	制作图样	一般项目	全数	目测
尺寸偏差	构件外形尺寸	检验构件尺寸是否与图样要求一致	制作图样	一般项目	全数	用尺测量
构件标识	构件标识	标识上应注明构件编号、生产日期、使用部位、混凝土强度、生产厂家等	按照构件编号、生产日期等	一般项目	全数	逐一对标识进行检查

构件存放：

构件存放位置不平整、刚度不够、存放不规范都有可能使预制构件在存放时受损、破坏。因此，构件在浇筑、养护出窑后，一定要选择合格的地点规范存放，确保预制构件在运输之前不受损破坏。预制构件存放前，应先对构件进行清理。

（1）构件清理

①构件清理标准为套筒、埋件内无残余混凝土、粗糙面分明、光面上无污渍、挤塑板表面清洁等。套筒内如有残余混凝土，用钎子将其掏出；埋件内如有混凝土残留现象，应用与埋件匹配型号的丝锥进行清理，操作丝锥时需要注意不能一直向里拧，要遵循"进两圈回一圈"的原则，避免丝锥折断在埋件内，造成不必要的麻烦。外漏钢筋上如有残余混凝土需进行清理。检查是否有卡片等附件漏卸现象，如有漏卸，及时拆卸后送至相应班组。

②清理所用工具放置相应的位置，保证作业环境的整洁。

③将清理完的构件装到摆渡车上，起吊时避免构件磕碰，保证构件质量。摆渡车由专门的转运工人进行操作，操作时应注意摆渡车轨道内严禁站人，严禁人车分离操作，人与车的距离保持在 2～3 m，将构件运至堆放场地，然后指挥吊车将不同型号的构件码放到规定的堆放位置，码放时应注意构件的整齐。

（2）构件存放

构件的存放场地宜为混凝土硬化地面或经人工处理的自然地坪，满足平整度和地基承载力要求，并应有排水措施。堆放时底板与地面之间应有一定的空隙。构件应按型号、出厂日期分别存放。构件存放应符合下列要求：

①存放过程中，预制混凝土构件与地面或刚性搁置点之间应设置柔性垫片，预埋吊环宜向上，标识向外，垫木位置宜与脱模冲刷、吊装时起吊位置一致；叠放构件的垫木应在同一直线上并上下垂直；垫木的长、宽、高均不宜小于 100 mm。

②外墙板、内墙板、楼梯宜采用托架立放，上部两点支撑，码放不宜超过 5 块。

12. 资料与交付

根据现行国家标准《装配式混凝土建筑技术标准》（GB/T 51231—2016）中的规定，预制构件的资料应与产品生产同步形成、收集和整理，归档资料宜包括以下内容：

①预制混凝土构件加工合同。

②预制混凝土构件加工图样、设计文件、设计治商、变更或交底文件。

③生产方案和质量计划等文件。

④原材料质量证明文件、复试试验记录和试验报告。

⑤混凝土试配资料。

⑥混凝土配合比通知单。

⑦混凝土强度报告。

⑧钢筋检验资料、钢筋接头的试验报告。

⑨模具检验资料。

⑩预应力施工记录。

⑪混凝土浇筑记录。

⑫混凝土养护记录。

⑬构件检验记录。

⑭构件性能检测报告。

⑮构件出厂合格证，如表 8－5 所示。

⑯质量事故分析和处理资料。

⑰其他与预制混凝土构件生产和质量有关的重要文件资料。

表 8－5　模壳墙出厂合格证（范本）

预制混凝土构件出厂合格证			资料编号		
工程名称及使用部位			合格证编号		
构件名称		型号规格		供应数量	
制造厂家			企业登记证		
标准图号或设计图样号			混凝土设计强度等级		
混凝土浇筑日期		至		构件出厂日期	
性能检验评定结果	混凝土抗压强度			主筋		
	试验编号	达到设计强度/%	试验编号	力学性能	工艺性能
	外观		预埋件		
	质量状况	规格尺寸	质量状况	规格尺寸	
备注			结论：		
供应单位技术负责人		填表人		供应单位名称（盖章）	
填表日期：					

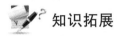

想一想 练一练

1. 如何控制模壳墙的质量？
2. 模壳墙养护不当会有什么质量缺陷？

知识拓展

叠合剪力墙板水平接缝宜设置在楼面标高处，如图 8 – 16 所示，同时应满足下列要求：

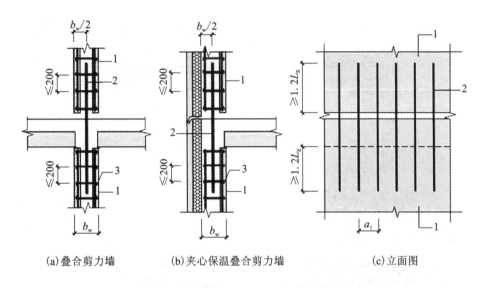

(a) 叠合剪力墙　　(b) 夹心保温叠合剪力墙　　(c) 立面图

图 8 – 16 剪力墙水平缝单排筋连接构造
1—叠合剪力墙；2—墙体连接筋；3—拉筋；bw—叠合剪力墙厚度

(1) 接缝高度不宜小于 50 mm，接缝处后浇混凝土应采取可靠施工措施保证混凝土浇筑密实。

(2) 水平接缝处宜设置单排竖向分布连接钢筋，连接钢筋应位于内、外侧被连接钢筋中间位置，连接钢筋直径不宜小于 14 mm，连接钢筋间距 a_1 不宜大于 400 mm；穿过接缝的连接钢筋数量应满足水平接缝受剪承载力的要求，且配筋面积不低于 $a1$ 范围内叠合剪力墙板竖向钢筋配筋总面积。

(3) 连接筋伸入上下层叠合剪力墙长度均不应小于 $1.2 l_{aE}$，其中 l_{aE} 应按连接钢筋直径计算。

(4) 钢筋连接长度范围内应配置拉筋，拉筋直径不宜小于墙体水平钢筋，拉筋沿竖向的间距不应大于水平分布钢筋的间距，且不宜大于 200 mm，拉筋沿水平方向的间距不应大于 400 mm。

多层叠合剪力墙结构可采用如下整体分析方法进行设计：

（1）结构在多遇地震作用下的变形验算应采用弹性方法，墙体按不考虑竖向拼缝的整体墙计算。

（2）结构在多遇地震及设防烈度地震作用下，进行构件及水平接缝承载力计算时，应采用弹性分析方法，并按照无竖向接缝进行设计。

（3）结构在进行罕遇地震下的弹塑性分析时，应沿竖向接缝将墙板划分为相互独立的多个计算单元。

多层叠合剪力墙及夹心保温叠合剪力墙纵横墙交接处及楼层内相邻承重墙板之间应采用在空腔内附加成型钢筋笼或钢筋网片的形式进行连接如图8-17所示，并应符合下列规定：

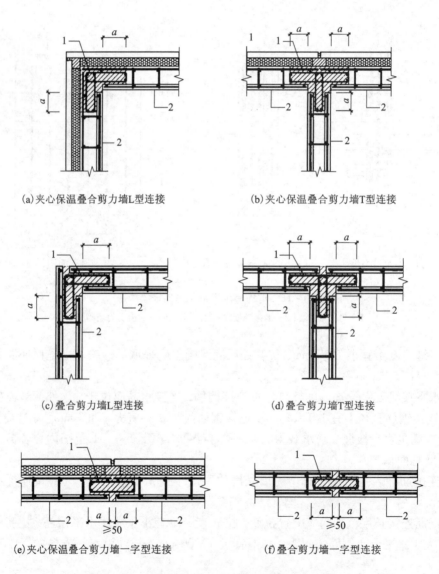

(a)夹心保温叠合剪力墙L型连接　　　　　　(b)夹心保温叠合剪力墙T型连接

(c)叠合剪力墙L型连接　　　　　　　　　(d)叠合剪力墙T型连接

(e)夹心保温叠合剪力墙一字型连接　　　　　(f)叠合剪力墙一字型连接

图8-17　叠合剪力墙竖向缝成型钢筋笼连接构造

1—成型钢筋笼；2—叠合剪力墙；a—成型钢筋笼伸入预制剪力墙空腔长度

146

当空腔宽度小于150 mm时，空腔内应设置钢筋网片，钢筋网片应满足下列要求（图8－18）：

（1）钢筋网片伸入预制剪力墙空腔内长度不宜小于$15d$，d为钢筋网片水平筋直径。

（2）钢筋网片中水平钢筋间距宜与叠合剪力墙板中水平分布钢筋的间距相同，且不宜大于200 mm；钢筋网片直径不应小于叠合剪力墙板中水平分布钢筋的直径。

（3）钢筋网片竖向筋直径不宜小于10 mm，上下层钢筋网片通过单排竖向分布钢筋进行连接。

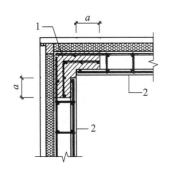

（a）夹心保温叠合剪力墙L型连接

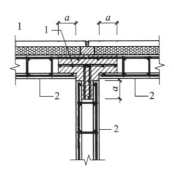

（b）夹心保温叠合剪力墙T型连接

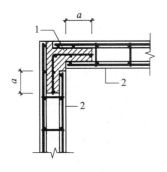

（c）叠合剪力墙L型连接

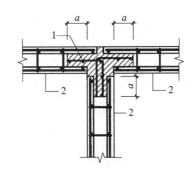

（d）叠合剪力墙T型连接

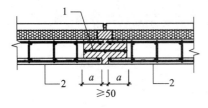

（e）夹心保温叠合剪力墙一字型连接

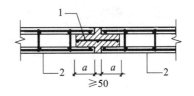

（f）叠合剪力墙一字型连接

图8－18　叠合剪力墙竖向缝钢筋网片连接构造

1—钢筋网片；2—叠合剪力墙；a—钢筋网片伸入预制剪力墙空腔长度

项目9 柱预制

 学习目标

1. 掌握预制柱的分类及规格；
2. 掌握预制柱的生产工艺流程；
3. 掌握预制柱的质量要求。

 项目描述

混凝土预制柱主要应用于框架结构中，分为实心预制柱和空心预制柱，如图9-1所示。装配整体式结构中一般部位的框架预制柱采用预制柱，重要或关键部位的框架预制柱应现浇，比如穿层预制柱、跃层预制柱、斜预制柱，高层框架结构中地下室部分及首层预制柱。

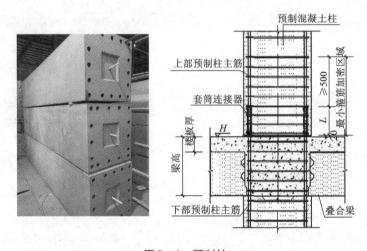

上部预制柱主筋
套筒连接器
楼板厚
梁高
下部预制柱主筋
预制混凝土柱
≥500
最小箍筋加密区域
H
叠合梁

图9-1 预制柱

预制框架预制柱钢筋宜只排一排，以免注浆困难。钢筋连接方式：框架预制柱抗震性能比较重要，而且框架预制柱的纵向钢筋直径较大，故宜采用灌浆套筒连接。预制柱子的安装节点为专门设置的安装节点，板一般为预埋螺母。本项目主要是根据生产任务要求完成柱的预制。

 项目分析

1. 生产工艺
预制柱子大多是"平躺着"制作的，存放、运输状态也是平躺着的，吊装时则需要翻转90°立起来。预制柱子的吊运节点与脱模节点共用。立着浇筑的预制柱子属于独立立模，独立立模由侧板和独立的底板组成，组模、放置钢筋与预埋件、浇筑振捣混凝土、养护构件和拆模与固定模台一致，只是产品是立式浇筑成型。

2. 任务流程图

本项目的具体操作过程如图9－2所示。

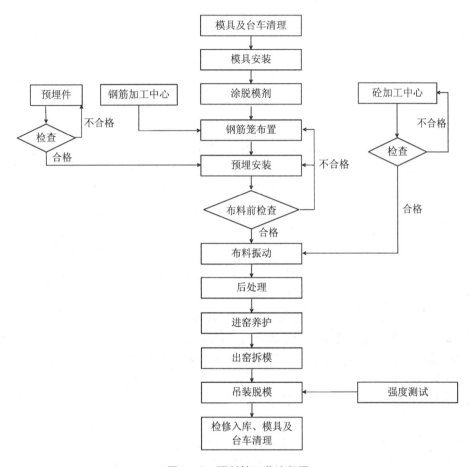

图9－2　预制柱工艺流程图

3. 主要材料

（1）模板

结合定型2.5厚钢模板。

（2）钢筋

钢筋：纵向受力钢筋一般采用HRB400级、HRB335级和RRB400级，不宜采用高强度钢筋。箍筋一般采用HPB300级、HRB335级钢筋，也可采用HRB400级钢筋。

行业标准《装配式混凝土结构技术规程》（JGJ 1—2014）规定："普通钢筋采用套筒灌浆连接和浆锚搭接连接时，钢筋应采用热轧带肋钢筋。"

在装配式混凝土结构结构设计时，考虑到连接套筒、浆锚螺旋筋、钢筋连接和预埋件相对现浇结构"拥挤"，宜选用大直径高强度钢筋，以减少钢筋根数，避免间距过小对混凝土浇筑的不利影响。

装配式混凝土构件不能使用冷拔钢筋。当用冷拉办法调直钢筋时,必须控制冷拉率。光圆钢筋冷拉率小于4%,带肋钢筋冷拉率小于1%。

钢筋在装配式混凝土结构构件中除了结构设计配筋外,还可能用于制作浆锚连接的螺旋加强筋、构件脱模或安装用的吊环、预埋件或内埋式螺母的锚固"胡子筋"等。

(3)焊条:E43、E50型焊条。

(4)预埋件:灌胶套筒、预埋件、吊件。

当预制构件的吊环用钢筋制作时,按照行业标准《装配式混凝土结构技术规程》(JGJ 1—2014)的要求,"应采用未经冷加工的HPB300级钢筋制作"。

(5)钢筋加工机械,模板加工机械。

(6)混凝土。

为了减小预制柱截面尺寸,节省钢材,宜采用较高强度等级的混凝土,一般采用C20~C40强度等级混凝土;对于高层建筑的底层预制柱,必要时可采用C50以上的高强度混凝土。

装配式混凝土建筑往往采用比现浇建筑强度等级高一些的混凝土和钢筋。

中国行业标准《装配式混凝土结构技术规程》(JGJ 1—2014)要求"预制构件的混凝土强度等级不宜低于C30;预应力混凝土预制构件的强度等级不宜低于C40,且不应低于C30;现浇混凝土的强度等级不应低于C25"。装配式混凝土建筑混凝土强度等级的起点比现浇混凝土建筑高了一个等级。日本目前装配式混凝土建筑混凝土的强度等级最高已经用到C100以上。

混凝土强度等级高一些,对套筒在混凝土中的锚固有利;高强度等级混凝土与高强钢筋的应用可以减少钢筋数量,避免钢筋配置过密、套筒间距过小影响混凝土浇筑,这对预制柱梁结构体系建筑比较重要;高强度等级混凝土和钢筋对提高整个建筑的结构质量和耐久性有利。需要说明和强调的是:

①预制构件结合部位和预制柱板的后浇筑混凝土,强度等级应当与预制构件的强度等级一样。

②不同强度等级结构件组合成一个构件时,如梁与预制柱结合的梁预制柱一体构件,预制柱与板结合的预制柱板一体构件,混凝土的强度等级应当按结构件设计的各自的强度等级制作。比如,一个梁预制柱结合的莲藕梁,梁的混凝土强度等级是C30,预制柱的混凝土强度等级是C50,就应当分别对梁、预制柱浇筑C30和C50混凝土。

③装配式混凝土构件混凝土配合比不宜照搬当地商品混凝土配合比。因为商品混凝土配合比考虑配送运输时间,往往延缓了初凝时间,装配式混凝土构件在工厂制作,搅拌站就在车间旁,混凝土不需要缓凝。

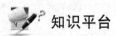 知识平台

1.灌浆套筒

钢筋连接灌浆套筒是通过水泥基灌浆料的传力作用将钢筋对接连接所用的金属套筒。

钢筋连接灌浆套筒按照结构形式分类,分为半灌浆套筒和全灌浆套筒。前者一端采用灌浆方式与钢筋连接,而另一端采用非灌浆方式与钢筋连接(通常采用螺纹连接);后者两端均

图 9 – 3 半灌浆套筒

采用灌浆方式与钢筋连接,在前面墙板预制中已有相关介绍。

对灌浆套筒和波纹管等孔形埋件,还要借助专用的孔形定位套销。采用孔形埋件先和孔形定位套销定位,孔形定位套销再和模板固定的方法,如图 9 – 3 所示。

图 9 – 3 预制柱子模板与套筒固定

2. 框架预制柱的钢筋

钢筋保护层:底部采用大理石垫块,侧壁采用水泥砂浆垫块,钢筋保护层厚度 20 mm。

预制混凝土钢筋预制柱的纵向受力钢筋采用机械连接接头,接头连接应符合设计要求和《钢筋机械连接技术规程》。

箍筋加密区:框架预制柱箍筋加密区的范围是依据底层预制柱的上端和其他各层预制柱的两侧,取矩形截面预制柱的长边尺寸或者圆形截面预制柱的直径,预制柱净高的六分之一和 500 mm,这三者里的最大值作为箍筋加密区的范围。底层预制柱上下各 500 mm 的范围内为箍筋加密区。

底层预制柱预制柱根以上三分之一预制柱净高的范围。剪跨比不大于 2 的预制柱的全高的范围为加密区。一级及二级框架角预制柱的全高范围为加密区。梁的加密区的范围是从梁的边上开始,根据防震要求,一级防震为 2 倍的梁高,二、三、四级防震为 1.5 倍梁高,但都不得小于 500 mm,如果少于 500 mm,按照 500 mm 进行箍筋加密。

项目实施

1. 模台清理

预制柱的模具以钢模为主，面板主材选用 Q235 钢板，支持结构可选型钢或者钢板，规格可根据模具形式选择，支撑体系应具有足够的承载力、刚度和稳定性，应保证在构件生产时能可靠承受浇筑混凝土的重量、侧压力及工作荷载。

对预制柱底模要求：预制柱加工区域地面应平整。预制装配式混凝土结构在浇筑混凝土前，模板及叠合类构件内的杂物应清理干模板安装和混凝土浇筑时，应对模板及其支撑体系进行检查和维护，对模台表面进行清理、如图 9-4 所示。

图 9-4　模台清理

2. 模具安装

模具组装应连接牢固、缝隙严密，组装时应进行表面清洗或涂刷脱模剂，脱模剂使用前确保脱模剂在有效使用期内，脱模剂必需均匀涂刷。

模具必须清理干净，不得存有铁锈、油污及混凝土残渣，接触面不应有划痕、锈渍和氧化层脱落等现象。

地胎模结合定型钢木模板的施工方法，为便于脱模，地胎模面层刮滑石粉腻子两遍，钢木模板刷隔离剂。

侧模与侧模、侧模与底模模板班风之间采用海绵胶条封缝，确保模板接缝严密不漏浆。

预埋件四边必须切直并磨平。预埋件必须精铁外模，并与主筋焊接固定防止移位。

模板加固采用对拉螺栓和钢管加固。加固前要求模板的位置及垂直度必须准确。如图 9-5 所示，在模板加固完毕后，应对预制柱模的位置和垂直度再次进行校核。模板安装必须拉通线确保模板平直。模板加固完后，将模板内的沙土等杂物清理干净。

3. 刷脱模剂

预制装配式混凝土结构模板与混凝土的接触面应涂隔离剂脱模，宜选用水性隔离剂，严禁隔离剂污染钢筋与混凝土接槎处。脱模剂应有效减小混凝土与模板之间的吸力，并应具有一定的成模强度，且不应影响脱模后混凝土的表面观感及饰面施工。

图 9-5　模具安装

预制混凝土构件在钢筋骨架入模前，应在模具表面均匀涂抹脱模剂。人工涂抹脱模剂要使用干净的抹布或海绵，涂抹均匀后模具表面不允许有明显的痕迹、不允许有堆积、不允许有漏涂等现象。

4. 钢筋笼布置

钢筋安装前必须将底膜表面清扫干净（旧模板应刷脱模剂后再绑扎钢筋），将预制柱预埋件按照图纸要求放置并固定，如图 9-6 所示。钢筋按图纸所标位置先上后下进行安装。

图 9-6　钢筋笼布置

钢筋绑扎完毕后及时报验验收，确保钢筋绑扎正确无误，核对底板、预埋件及预埋螺栓数量、位置、型号正确方可合预制柱侧模。

钢筋工序流程包括钢筋翻样→钢筋下料→钢筋成型→钢筋绑扎→骨架成型。如图 9-7 所示，钢筋绑扎搭接要求如下：

（1）同一截面受力钢筋的接头百分率、钢筋的搭接长度及锚固长度等应符合设计要求或国家现行有关标准的规定。

（2）搭接长度的末端距钢筋弯折处不得小于钢筋直径的 10 倍。

图 9 - 7　钢筋绑扎

（3）钢筋的绑扎搭接接头应在接头中心和两端用铁丝扎牢。

（4）预制柱钢筋骨架中各竖向面钢筋网交叉点应全数绑扎。

（5）钢筋绑扎丝甩扣应弯向构件内侧。

5. 埋件安装固定

（1）预埋件焊接及固定方法

预埋件位置固定是预埋件施工中的一个重要环节，预埋件的焊接采用交流电弧焊，预埋件所处的位置不同，其选用的有效固定方法也不同，如图 9 - 8 所示。

图 9 - 8　预埋件安装

①预埋件位于现浇砼上表面时，据预埋件尺寸和使用功能的不同的固定方式：

a）平板型预埋件尺寸较小，可将预埋件直接绑扎在主筋上，但在浇筑砼过程中，需随时观察其位置情况，以便出现问题及时解决。

b）面积大的预埋件施工时，除用锚筋固定外，还要在其上部点焊适当规格角钢，以防止预埋件位移，必要时在锚板上钻孔排气。对于特大预埋件，须在锚板上钻振捣孔用来振实砼，但钻孔的位置及大小不能影响锚板的正常使用。

②当预埋件位于砼侧面时，可选用下列方法：

a）预埋件距砼表面浅且面积较小时，可以绑扎进行加固。

b）预埋件面积不大时，可用普通铁钉或木螺丝将预先打孔的埋件固定在木模板上。

c）预埋件面积较大时，可在预埋件内侧焊接。

（2）预埋件在砼施工中的保护

①砼在浇筑过程中，振动棒应避免与预埋件直接接触，在预埋件附近，需小心谨慎，边振捣边观察预埋件，及时校正预埋件位置。保证其不产生过大位移。

②砼成型后，需加强砼养护，防止砼产生干缩变形引起预埋件内空鼓，同时，拆模要先拆周围模板，放松螺栓等固定装置，轻击预埋件处模板，待松劲后拆除，以防拆除模板时因砼强度过低而破坏锚筋与砼之间的握裹力，从而确保预埋件施工质量。

预埋完成后，参照表9-1、表9-2、表9-3、表9-4进行偏差检查。

表 9-1　钢筋骨架尺寸和安装位置偏差

项目		允许偏差/mm	检验方法
钢筋骨架	长	±10	钢尺检查
	宽、高	±5	钢尺检查
	钢筋间距	±10	钢尺量两端、中间各一点
受力钢筋	位置	±5	钢尺量两端、中间各一点，取最大值
	排距	±5	
	保护层	+5，-3	钢尺检查
绑扎钢筋、横向钢筋间距		±20	钢尺量连续三档，取最大值
箍筋间距		±20	钢尺量连续三档，取最大值
钢筋弯起点位置		±20	钢尺检查

表 9-2　预埋件加工允许偏差

项次	检验项目及内容		允许偏差/mm	检验方法
1	预埋件锚板的边长		0，-5	用钢尺量
2	预埋件锚板的平整度		1	用直尺和塞尺量
3	锚筋	长度	10，-5	用钢尺量
		间距偏差	±10	用钢尺量

注：1. 本表所列项目摘自《装配式混凝土结构技术规程》（JGJ 1—2014）表 11.2.4。

表9-3 模具尺寸的允许偏差和检验方法

项次	检验项目及内容		允许偏差/mm	检验方法
1	长度	≤6 m	1，-2	用钢尺量平行构件高度方向，取其中偏差绝对值较大处
		>6 m 且≤12 m	2，-4	
		>12 m	3，-5	
2	截面尺寸	梁	2，-4	用钢尺测量两端或中部，取其中偏差绝对值较大处
3	对角线差		3	用钢尺量纵、横两个方向对角线
4	侧向弯曲		L/1500且≤5	拉线、用钢尺量测侧向弯曲最大处
5	翘曲		L/1500	对角拉线测量交点间距离值的两倍
6	底模表面平整度		2	用2 m靠尺和塞尺量
7	组装缝隙		1	用塞片或塞尺量
8	端模与侧模高低差		1	用钢尺量

注：1.本表所列项目摘自《装配式混凝土结构技术规程》(JGJ 1—2014)表11.2.3。

表9-4 模具预留孔洞中心位置的允许偏差

项次	检验项目及内容	允许偏差/mm	检验方法
1	预埋件、插筋、吊环、预留孔洞中心线位置	3	用钢尺量
2	预埋螺栓、螺母中心线位置	2	用钢尺量

注：1.本表所列项目摘自《装配式混凝土结构技术规程》(JGJ 1—2014)表11.2.5。

6.混凝土浇筑、振捣

(1)混凝土入模

①喂料斗半自动入模。如图9-9所示人工通过操作布料机前后左右移动来完成混凝土的浇筑，混凝土浇筑量通过人工计算或者经验来控制，是目前国内流水线上最常用的浇筑入模方式。

图9-9 混凝土浇筑

②料斗人工入模。人工通过控制起重机使料斗来回移动以完成混凝土浇筑的方式，适用在异形构件及固定模台的生产线上，其浇筑点、浇筑时间不固定，但浇筑量完全通过人工控制，优点是机动灵活、造价低。

③智能化入模。布料机根据计算机传送过来的信息，自动识别图样以及模具，从而自动完成布料机的移动和布料，工人通过观察布料机上显示的数据，来判断布料机内剩余的混凝土量并随时补充。混凝土浇筑过程中，布料机遇到窗洞口时，将自动关闭卸料口以防止混凝土误浇筑。

（2）混凝土浇筑要求

①砼施工条件：钢筋验收完毕、预埋铁件验收完、模板验收完、模板内清理完后方可进行。

②砼采用加工厂现场搅拌，采用人工入模。

③砼施工时必须认真振捣，由于钢筋较密砼振动棒采用 30 型小型振动棒。砼施工从预制柱根开始逐渐向预制柱头施工。砼施工时振动棒注意不要碰撞预埋铁件，防止其移位。

④严格按制砼坍落度，使其控制在 140～180 mm 之间，每罐砼均要作坍落度检测。

⑤砼振捣完后表面用刮杠刮平，木抹子搓平、铁抹子压光，必须保证砼表面平整密实，不得有气孔麻面。

7. 抹平、压光

（1）拉毛：拉毛处理有 3 种方法，一个是用切割机在墙上划上很多凹槽，另一个就是用扫把蘸取水泥浆水，在墙面拍打，这样水泥水会渗进去，表面形成一个个凸点，最后一个是高压水拉毛，用超高压水射流直接在墙面上划出很多深沟。

（2）压光面 混凝土浇筑振捣完成后在混凝土终凝前，应当先采用木质抹子对混凝土表面砂光，砂平，然后用铁抹子压光直至压光表面，如图 9 - 10 所示。

图 9 - 10 抹平、压光

8.进窑养护

养护是混凝土质量的重要环节,对混凝土的强度、抗冻性、耐久性有很大的影响。混凝土养护有3种方式:常温、蒸汽、养护剂养护。

砼压光后必须及时进行养护,砼上强度后表面喷淡水,覆盖一层塑料薄膜,塑料薄膜上覆盖一层草帘养护砼,保持砼表面湿润,如图9-11所示。

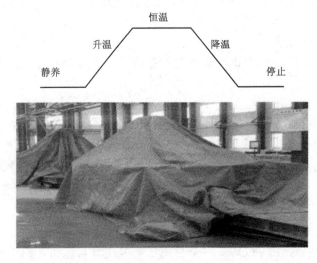

图 9-11 养护

预制柱养护可采用蒸汽养护、覆膜保湿养护、自然养护等方法。对采用硅酸盐水泥、普通硅酸盐水泥或矿渣硅酸盐水泥拌制的混凝土,不得少于 7 d;对掺用缓凝型外加剂或有抗渗要求的混凝土,不得少于 14 d。冬季采取加盖养护罩蒸汽养护的方式,养护罩内外温差小于 20℃时,方可拆除养护罩进行自然养护,自然养护要保持楼梯表面湿润。

预制混凝土构件一般采用蒸汽(或加温)养护,蒸汽(或加温)养护可以缩短养护时间,快速脱模,提高效率,减少模具和生产能力的投入。

(1)在条件允许的情况下,推荐采用自然养护。当采用蒸汽养护时,应按照养护制度的规定,进行温控,避免预制构件出现温差裂缝。对于预制柱的养护,还应考虑保温材料的热变形特点,合理控制养护温度。

(2)预制柱采取蒸汽养护时,养护温度不宜大于 50℃,以防止保温材料变形造成对构件的破坏。

(3)预制构件脱模后可继续养护,养护可采用水养、洒水、覆盖和喷涂养护剂等一种或几种相结合的方式。

(4)水养和洒水养护的养护用水不应使用回收水,水中养护应避免预制构件与养护池水有过大的温差,洒水养护次数以能保持构件处于润湿状态为度,且不宜采用不加覆盖仅靠构件表面洒水的养护方法。

(5)当不具备水养或洒水养护条件或当日平均气温低于 5℃时,可采用涂刷养护剂方式;养护剂不得影响预制构件与现浇混凝土面的结合强度。

9. 出窑拆模

预制柱子拆模强度要求：拆除侧模时必须保证预制柱子不变形，棱角完整及不产生裂缝现象。

（1）构件蒸养后，蒸养罩内外温差小于 20℃ 时方可进行脱模作业。

（2）构件脱模应严格按照顺序拆除模具，脱模顺序应按支模顺序相反进行，应先脱非承重模板，后脱承重模板，先脱帮模再脱侧模和端模、最后脱底模。不得使用振动方式脱模。

（3）当混凝土强度达到设计强度的 30% 并不低于 C15 时，可以拆除边模，构件翻身强度不得低于设计强度的 70% 且不低于 C20。

（4）构件脱模时应仔细检查确认构件与模具之间的连接部分完全拆除后方可起吊。

（5）用后浇混凝土或砂浆、灌浆料连接的预制构件结合处，设计有具体要求时，应按设计要求进行粗糙面处理，设计无具体要求时，可采用化学处理、拉毛或凿毛等方法制作粗糙面。

10. 吊装脱模

如图 9 - 12 所示，构件脱模起吊时，并满足下列要求：

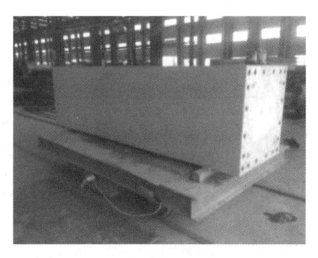

图 9 - 12　吊装拆模

（1）将固定埋件及控制尺寸的螺杆、螺栓全部去除方可拆模、起吊，构件起吊应平稳。

（2）构件脱模起吊时，混凝土强度应满足设计要求。当设计无要求时，构件脱模时的混凝土强度不应小于 15 MPa。

（3）预制柱、楼板等较薄预制混凝土构件起吊时，混凝土强度应不小于 20 MPa。

（4）梁、预制柱等较厚预制混凝土构件起吊时，混凝土强度不应小于 30 MPa。

（5）预制构件使用的吊具和吊装时吊索的夹角，涉及拆模吊装时的安全，此项内容非常重要，应严格执行。在吊装过程中，吊索水平夹角不宜小于 60° 且不应小于 45°，尺寸较大或形状复杂的预制构件应使用分配梁或分配桁架类吊具，并应保证吊车主钩位置、吊具及预制构件重心在垂直方向重合。

11. 检修入库

检验分类：分为出厂检验和型式检验。

出厂检验：出厂检查项目为外视质量和尺寸偏差规定的全部内容及混凝土抗压强度，产品经检验合格后方可出厂，如图9-5、表9-6所示。

型式检验：检验项目为除常规外，有下列情况之一时，应进行形式检查：

①产品的材料、配方、工艺有重大改变，可能影响产品性能时。

②产品停产半年以上再投入生产时。

③出厂检验结果与上次型式检验结果有较大差异时。

④国家质量监督检验机构提出型式检验要求时。

⑤结构性能试验每三年检测一次。

表9-5 尺寸允许偏差及检验方法

项目		允许偏差/mm	检验方法
长度	<12 m	±5	尺量检查
	≥12 m且<18 m	±10	
	≥18 m	±20	
宽度及高度	宽度	±5	钢尺量一端及中部，取其中偏差绝对值较大处
	高度	±3	
表面平整度		5	2 m靠尺和塞尺检查
侧向弯曲		L/750且≤20	拉线、钢尺量最大侧向弯曲处
挠度变形	设计起拱	±10	拉线、钢尺量最大侧向弯曲处
	下垂	0	
保护层	主筋保护层厚度	±3	保护层厚度检测仪
预留孔	中心线位置	5	尺量检查
	孔尺寸	±5	
预埋件	中心位置偏差	20	尺量检查
	与构件表面混凝土高差	0，-10	
预留插筋	中心线位置	3	尺量检查
	外露长度	+5，-5	
键槽	中心线位置	5	尺量检查
	长度、宽度、深度	±5	

注：1. 本表所列项目摘自《装配式混凝土结构技术规程》（JGJ 1—2014）表11.4.2；

2. L为构件最长边的长度/mm；

3. 检查中心线、螺栓和孔道位置偏差时，应沿纵横两个方向量测，取其中偏差较大值。

表 9 - 6 外观质量标准

项次	项目		质量要求
1	露筋		不允许
2	孔洞	任何部位	不允许
3	蜂窝	主要受力部位	不允许
4		次要部位	总面积不超过墙板面积的1,且每处不超过
5	麻面、掉皮、鼓泡、起皮		总面积不超过墙板面积的2%，且不大于
6	裂缝	吊环处裂缝	不允许
		面裂	不宜有
7	外表不整齐		轻微

预制柱的底部应设置键槽且宜设置粗糙面，键槽应均匀布置，键槽深度不宜小于 30 mm，键槽端部斜面倾角不宜大于 30°。预制柱顶应设置粗糙面。

粗糙面的面积不宜小于结合面的 80%，预制板的粗糙面凹凸深度不应小于 4 mm，预制梁端、预制柱端、预制墙端的粗糙面凹凸深度不应小于 6 mm。

采用预制柱及预制柱的装配整体式框架中，预制柱底接缝宜设置在楼面标高处，并应符合下列规定：

（1）后浇节点区混凝土上表面应设置粗糙面。

（2）预制柱纵向受力钢筋应贯穿后浇节点区。

（3）预制柱底接缝厚度宜为 20 mm，并应采用灌浆料填实。

标识应满足以下规定：

（1）对脱模后的预制柱应进行编号，包括预制柱规格型号、强度等级、产品等级、生产日期和检验章。

（2）产厂家每批由厂的预制柱应带有产品质量合格证书，标明下列内容：生产厂名称、产品标准号、商标、批量编号、预制柱数量、检验结果、合格证编号、出厂日期、检验人员代号、检验部门印章。

存放应满足以下规定：

（1）构件的存放场地宜为混凝土硬化地面或经人工处理的自然地坪，构件运输与堆放时的支承位置应经计算确定并应满足平整度和地基承载力要求，场地应有排水措施。

（2）构件应按型号、出厂日期分别存放。

（3）预制柱构件存储宜平放，且采用两条垫木支样。

（4）预制柱宜采用平放运输，堆放层数不宜超过 2 层。

（5）运输构件时，应采取防止构件损坏的措施，对构件边角部或索链接触处的混凝土，宜设置保护衬垫。

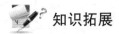 **想一想　练一练**

1. 钢筋入模时为什么要确保混凝土保护层厚度？保护层作用有哪些？
2. 为什么要进行预制构件生产的隐蔽工程验收？隐蔽工程验收的主要内容是什么？

知识拓展

1. 常用的标准

预制混凝土剪力墙外墙板(15G365—1)

装配式混凝土建筑技术标准(GBT 51231—2016)

装配式混凝土结构技术规程(JGJ 1—2014)

钢筋套筒灌浆连接应用技术规程(JGJ 355—2015)

混凝土结构工程施工质量验收规范(GB 50204—2015)

2. 预制柱制作的常见质量问题及解决办法如表9-7所示

表9-7　制作过程质量控制项目一览表

类别	项目	检验内容	依据	性质	数量	检验方法
钢筋加工	钢筋型号、直径、长度、加工精度	检验钢筋型号、直径、长度、弯曲角度	《钢筋混凝土用热轧带肋钢筋》(GB 1449)	主控项目	全数	对照图样进行检验
钢筋安装	安装位置、保护层厚度	按制作图样检验	《钢筋混凝土用热轧带肋钢筋》(GB 1449)	主控项目	全数	按照图样要求进行安装
伸出钢筋	位置、钢筋直径、伸出长度的误差	按制作图样检验	《钢筋混凝土用热轧带肋钢筋》(GB 1449)	主控项目	全数	对照图样用尺测量
预埋件安装	预埋件型号、位置	安装位置、型号、埋件长度	制作图样	主控项目	全数	对照图样用尺测量
混凝土强度	试块强度、构件强度	同批次试块强度，构件回弹强度	《混凝土结构工程施工质量验收规范》(GB—50204—2015)	主控项目	100 m³ 取样不少于一次	试验室力学检验、回弹仪检验
脱模强度	混凝土构件脱模前强度	检验在同期条件下制作及养护的试块强度	《混凝土结构工程施工质量验收规范》(GB—50204—2015)	一般项目	不少于一组	试验室力学试验
养护	时间、温度	查看养护试件及养护温度	根据工厂制定出的养护方案	一般项目	抽查	计时及温度检查
表面处理	污染、掉角、裂缝	检验构件表面是否有污染或缺棱掉角	工厂制定的构件验收标准	一般项目	全数	目测

模块四
异形构件预制

　　装配式建筑组成构件中楼梯、阳台板、空调板、女儿墙等均被定性为异形构件。异形构件不能通过大底模批量生产，需配备独立式模具，根据设定构件尺寸，独自成型。随我国城镇化快速发展，住宅需求量不断增长，PC异形构件的工厂化制作能够很大程度地节省人力物力，降低能耗与材耗，使得建筑流程更加的简洁规范，提高工作效率。

　　本模块重点介绍预制楼梯、预制阳台板、预制女儿墙以及预制空调板的生产工艺，主要目的是让学习者对这些异形构件有基本认知，了解各自所需模具特点，熟悉各自生产工艺流程，了解各个环节质量要求及控制标准。

项目 10　楼梯预制

学习目标

1. 掌握预制楼梯的分类及规格；
2. 掌握预制楼梯的生产工艺流程；
3. 掌握预制楼梯成品的质量标准。

项目描述

预制钢筋混凝土楼梯是指楼梯在工厂进行模块化预制，可利用清水混凝土浇筑成型，现场仅需进行吊装与焊接，可无须再做装饰面的楼梯制作方式。根据构件尺度不同分为小型构件装配式与大、中型构件装配式两类。装配式楼梯结构组成为平台板、楼梯梁、楼梯段三个部分。安装宜采用上端支承为固定铰支座，下端支承为滑动铰支座，如图 10 – 1 所示。

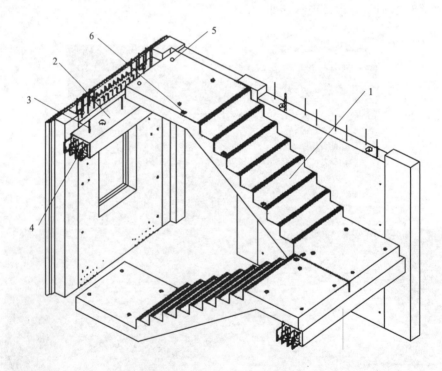

图 10 – 1　预制楼梯拼装示意

1—梯段板；2—楼梯梁；3—预埋螺栓；

4—梁端预留钢筋；5—销键预留洞；6—栏杆

本项目主要是根据如图 10 – 2 图纸对楼梯进行预制。

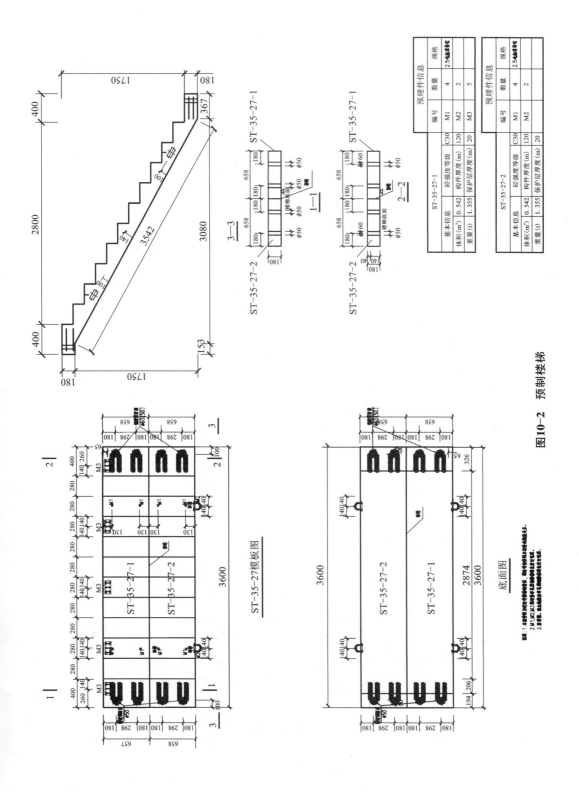

图10-2　预制楼梯

项目分析

本项目的具体操作过程如图 10 - 3 所示：

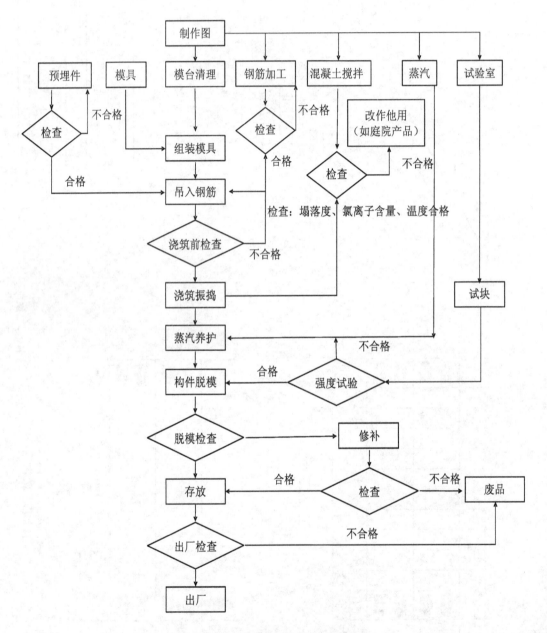

图 10 - 3　预制楼梯制作工艺流程

 知识平台

一、预制楼梯类型

预制装配式钢筋混凝土楼梯根据构件尺度不同分为小型构件装配式和大、中型构件装配式两类。小型构件装配式钢筋混凝土楼梯的主要特点是构件小而轻，易制作，但施工繁而慢，湿作业多，耗费人力，适用于施工条件较差的地区。大、中型可以减少预制构件的品种和梳理，利于吊装工具进行安装，从而简化施工，加快速度，减轻劳动强度。预制楼梯根据安装方式又可分为搁置式楼梯和锚固式楼梯两种类型，如图 10 – 4 和图 10 – 5 所示。

图 10 – 4　搁置式楼梯

图 10 – 5　锚固式楼梯

二、楼梯命名方式

双跑楼梯和剪刀楼梯的命名方式如图 10 – 6 所示。

图 10 – 6　楼梯命名方式

注：ST – 28 – 25：表示预制混凝土板式双跑楼梯，建筑层高 2800 mm、楼梯间净宽 2500 mm；

JT – 28 – 25：表示预制混凝土板式剪刀楼梯，建筑层高 2800 mm、楼梯间净宽 2500 mm。

三、楼梯识读

标准图集 15G367 – 1《预制钢筋混凝土板式楼梯》示意 ST – 30 – 24 楼梯平面、剖面布置如图 10 – 7、图 10 – 8 所示：

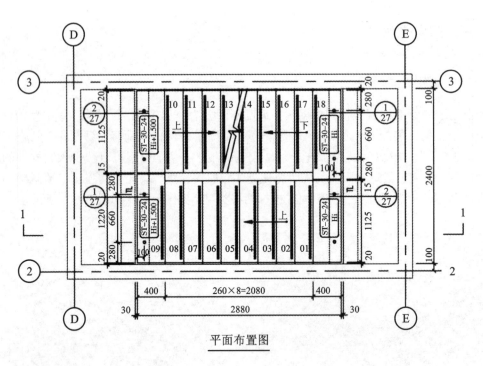

平面布置图

图 10 - 7　ST - 30 - 24 平面布置图

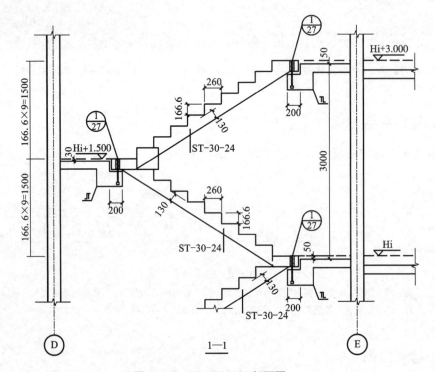

1—1

图 10 - 8　ST - 30 - 24 剖面图

项目实施

　　预制楼梯制作工艺主要包括模板清理—钢筋绑扎及布设预埋件—合模—布料、振捣成型—抹面、压光—养护—脱模等7个环节，如图10-9至图10-14所示。

图 10-9　模板清理

图 10-10　钢筋绑扎

图 10-11　预留预埋

图 10-12　合模

图 10-13　养护拆模

图 10-14　吊装移位

1. 准备

（1）材料准备

①钢筋：采用 HPB300，HRB40。

②混凝土：强度等级 C30。

③预埋件：锚板采用 Q235 - B 级钢，钢材应符合《碳素结构钢》（GB/T 700 - 2006）的规定。

④锚筋与锚板之间的焊接采用埋弧压力焊，采用 HJ431 型焊剂，采用 T 型角焊缝时采用 E50 型、E55 型焊条。

（2）材料存放

混凝土原材料应按品种、数量分别存放，并应符合下列规定：

①水泥和掺合料应存放在筒仓内。不同生产企业、不同品种、不同强度等级原材料不得混仓，储存时应保持密封、干燥、防止受潮。

②砂、石应按不同品种、规格分别存放，并应有防混料、防尘和防雨措施。③外加剂应按不同生产企业、不同品种分别存放，并有防止沉淀等措施。

（3）机具器具准备

①机械：钢筋除锈机、钢筋调直机、钢筋切断机、电焊机。

②工具：钢筋钩子、钢筋扳子、钢丝刷、火烧丝铡刀、墨线。

③模具：楼梯模具，卧式模具如图 10 - 15 所示，立式模具如图 10 - 16 所示。

图 10 - 15　卧式楼梯模具

图 10 - 16　立式楼梯模具

预制楼梯模具制作重点为楼梯踏步的处理，由于踏步成波浪形，钢板需折弯后拼接，拼缝的位置宜放在既不影响构件效果又便于操作的位置，拼缝的处理可采用焊接或冷拼接工艺。需要特别注意拼缝处的密封性，严禁出现漏浆现象。

（4）作业条件

①预制构件生产前，应编制构件设计制作图，应包含下列内容：

a. 单个预制构件模板图、配筋图。

b. 预埋吊件及其连接件构造图。

c. 保温、密封和饰面等细部构造图。

d. 系统构件拼装图。

e.全装修、机电设备综合图。

②预制构件生产前,应编制构件生产方案,构件生产方案应包括下列内容:

a.生产计划及生产工艺。

b.模具计划及组装方案。

c.技术质量控制措施。

d.物流管理计划。

e.成品保护措施。

③钢筋进场,应检查是否有出厂合格证明、复试报告,并按指定位置、按规格、部位编号分别堆放整齐。

④钢筋绑扎前,应检查有无锈蚀现象,除锈之后再运到绑扎部位。熟悉图纸,按设计要求检查已加工好的钢筋规格、形状、数量是否正确。

⑤楼梯底模板支好、预检完毕。

⑥检查预埋钢筋或预留洞的数量、位置、标高要符合设计要求。

⑦根据图纸要求和工艺规程向施工班组进行交底。

2.模具

(1)模具制作

如图 10-17 所示为模具制作的流程,根据预制构件图样确定模具的制作方案,绘制拆分图,在进行焊接与拼装。图 10-18、图 10-19 为制作的楼梯钢制立模模具和独立模具。

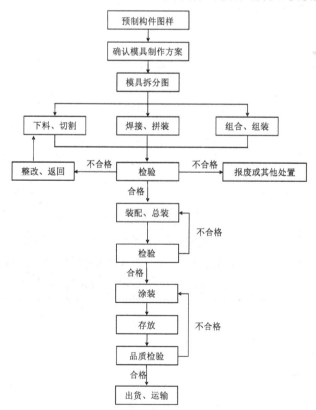

图 10-17　模具制作流程图

171

图 10 - 18　楼梯钢制立模模具

图 10 - 18　楼梯独立模具

（2）模具入场检验

①检验项目：梯段宽度、厚度、斜长，踏步高度、宽度，休息平台厚度、宽度，预埋件中心线位置、螺栓位置，楼梯表面平整度，如表 10 - 1 所示。

②检验要求：严格按照图纸设计尺寸进行检验，误差范围必须在图纸要求范围内，超出允许误差的及时调整并复验，合格后方可进行下一步施工。

③检验方法及数量：跟踪检测、全数检查。

④检验工具：钢尺、施工线、吊锤、靠尺、塞尺。

表 10 - 1　模具组装尺寸允许偏差

测定部位	允许偏差/mm	检验方法
边长	±2	钢尺四边测量
对角线误差	3	细线测量两根对角线尺寸，取差值
底模平整度	2	对角用细线固定，钢尺测量细线到底模各点距离的差值，取最大值
侧板高差	2	钢尺两边测量取平均值
表面凹凸	2	靠尺和塞尺检查
扭曲	2	对角线用细线固定，钢尺测量中心点高度差值
翘曲	2	四角固定细线，钢尺测量细线到钢模边距离，取最大值
弯曲	2	四角固定细线，钢尺测量细线到钢模顶距离，取最大值

（3）模具使用要求

①模具清理干净。

②脱模剂或缓凝剂喷涂均匀。

③螺栓和定位连接准确。

④模具组装顺序无误。

⑤密封效果好，无漏浆。

（4）模具清理与脱模剂使用

预制楼梯模具每次使用后需进行人工清理，清理方式采用属子刀或其他铲刀。模具要清理彻底，对残余的大块混凝土要小心清理，防止损伤模台。

预制楼梯在钢筋骨架入模前，在模具表面涂抹脱模剂，采用人工涂抹的方式。人工涂抹脱模剂要使用干净的抹布或海绵，涂抹均匀后模具表面不允许有明显的痕迹，不允许有堆积、漏涂等现象。应按下列要求严格控制：

①应选用不影响构件结构性能和装饰工程施工的隔离剂。

②应选用对环境和构件表面没有污染的脱模剂。

③常用脱模剂材质有水性和油性两种，构件制作宜采用水性材质的脱模剂。

④涂刷脱模剂前模具已清理干净。

⑤脱模剂喷涂后不要马上作业，应当等脱模剂成膜以后再进行下一道工序。

⑥脱模剂涂刷时应谨慎作业，防止污到钢筋、埋件等部件，使其性能受损。

3. 钢筋

工艺流程：划位置线—绑主筋—绑分布筋—绑踏步筋—钢筋入模。

（1）钢筋存放

加工成型的钢筋运至生产现场，应分别按工号、结构部位、钢筋编号和规格等整齐堆放，保持钢筋表面清洁，防止被油渍、泥土污染或压弯变形；贮存期不宜过长，以免钢筋锈蚀。在运输和安装钢筋时，应轻装轻卸，不得随意抛掷和碰撞，防止钢筋变形。

（2）钢筋下料

预制楼梯的钢筋下料必需严格按照图纸设计及下料单要求制作，对应相应的规格、型号及尺寸进行加工。制作过程中应当定期、定量检查，对于不符合设计要求及超过允许偏差的一律不得绑扎，按废料处理。

（3）钢筋绑扎

预制楼梯的钢筋绑扎，严格按照图纸要求进行绑扎，绑扎时应注意钢筋间距、数量、保护层等。绑扎过程中，对于尺寸、弯折角度不符合设计要求的钢筋不得绑扎。钢筋绑扎过程中，应注意受力钢筋在下，分布钢筋在上。楼梯梯段板为非矩形时，钢筋分布应沿结构法线方向，间距控制应以结构长边尺寸作为控制依据。

（4）钢筋入模

①钢筋整体吊入模具内，如图10-20所示。钢筋网和钢筋骨架在整体装运、吊装就位时，应采用多吊点的起吊方式，防止发生扭曲、弯折、歪斜等变形。

②吊点应根据其尺寸、重量及刚度而定，宽度大于1 m的水平钢筋网宜采用四点起吊，跨度小于6 m的钢筋骨架宜采用两点起吊，跨度大、刚度差的钢筋骨架宜采用横吊梁（铁肩担）四点起吊。

③为了防止吊点处钢筋受力变形，宜采取兜底吊或增加辅助用具。

④钢筋骨架入模时，钢筋应平直、无损伤，表面不得有油污、颗粒状或片状老锈，且应轻放，防止变形。

⑤钢筋入模前，应按要求敷设局部加强筋。

⑥钢筋入模后，还应对叠合部位的主筋和构造钢筋进行保护，防止外露钢筋在混凝土浇

图 10 - 20　钢筋入模图

筑过程中受到污染,而影响到钢筋的握裹强度,已受到污染的部位需及时清理。并按照表
10 - 2 进行尺寸和安装位置偏差检查。

表 10 - 2　钢筋骨架尺寸和安装位置偏差

项目		允许偏差/mm	检验方法
钢筋骨架	长	±10	钢尺检查
	宽、高	±5	钢尺检查
	钢筋间距	±10	钢尺量两端、中间各一点
受力钢筋	位置	±5	钢尺量两端、中间各一点,取最大值
	排距	±5	
	保护层	+5,-3	钢尺检查
绑扎钢筋、横向钢筋间距		±20	钢尺量连续三档,取最大值
箍筋间距		±20	钢尺量连续三档,取最大值
钢筋弯起点位置		±20	钢尺检查

4. 预埋件

(1)预埋件及管线的材料、品种、规格、型号应符合现行国家相关标准规定和设计要求。

(2)预埋件及管线的防腐防锈应满足现行国家标准《工业建筑防腐蚀设计规范》
(GB 50046—2008)和《涂覆涂料前钢材表面处理　表面清洁度的目视评定》(GB/T 8923.1—
2011)的规定。

(3)安装吊环或螺母等预埋件,应避免任意切断和碰动钢筋,预埋施工时应有专人操作,
使用固定标高控制线,保证孔洞及埋件的位置标高、尺寸标准后,在避免事后剔凿开洞,影
响楼梯质量。在浇筑混凝土前进行检查、整修,保持钢筋位置准确不变形。

5. 合模

如图 10 - 21 为楼梯的合模,合模时需要注意以下几点:

图 10 – 21 合模图

（1）堵头必须也涂脱模剂，预埋件螺丝必须上紧，防止振捣时螺丝松脱跑浆；预埋件必须以"井"字形钢筋固定在钢筋笼骨架上。

（2）合模时注意背板底部是否压钢筋笼。

（3）合模顺序一般为：合背板—锁紧拉杆—合侧板—上部小侧板。

（4）合模完成后必须检查上部尺寸是否合格。

6. 混凝土

（1）预制混凝土楼梯混凝土制作要求

材料进场入库前必须经过验收，需要抽样复检的实验室必须及时跟进取样；需第三方检验的实验室亦应及时取样送检，经检验检测合格后方可使用，严禁使用未经检测或者检测不合格的原材料和国家明令淘汰的材料。

原材料检测主要包括水泥、砂、石子、水、矿粉、粉煤灰、外加剂、钢筋等原材料进厂的质量检测。原材检测合格，在实验室根据试验配合比拌制混凝土，通过调整，出具可以满足施工要求并保证质量的施工配合比。水泥宜采用不低于 42.5 级硅酸盐、普通硅酸盐水泥，砂宜选用细度模数为 2.3 ~ 3.0 的中粗砂，石子宜选用 5 ~ 25 mm 碎石，外加剂品种应通过试验室进行试配后确定，并应有质保书，且楼板混凝土中不得掺加氯盐等对钢材有锈蚀作用的外加剂；预制混凝土楼梯混凝土强度等级不宜低于 C30；预应力混凝土楼板的混凝土强度等级不宜低于 C40，且不应低于 C30。

（2）预制混凝土楼梯混凝土准备

混凝土原材料应按品种、数量分别存放，并应符合下列规定：

①水泥和掺合料应存放在筒仓内。不同生产企业、不同品种、不同强度等级原材料不得混仓，储存时应保持密封、干燥、防止受潮。

②砂、石应按不同品种、规格分别存放，并应有防混料、防尘和防雨措施。

③外加剂应按不同生产企业、不同品种分别存放，并有防止沉淀等措施。

（3）预制楼梯混凝土的浇筑、振捣

①楼梯混凝土浇筑前，应逐项对模具、钢筋、预埋件、吊具、预留孔洞、混凝土保护层厚度等进行检查和验收。并做好隐蔽记录。

②混凝土配合比和工作性能应根据产品类别和生产工艺要求确定，混凝土浇筑应采用机械振捣成型方式。

③混凝土浇筑时应符合下列要求：

a.根据施工相关规定，混凝土的入模浇筑温度不宜低于 5℃，不宜高于 35℃，浇筑完成后需要对表面压平。并校核预埋件位置、标高是否准确。

b.预制楼梯浇筑混凝土时应采取分层布料、分层振捣的方式。

c.混凝土振捣应采用插入式振动棒。混凝土应当有适当的振捣时间，宜振捣至混凝土拌合物表面出现泛浆，且基本无气泡溢出，振捣棒应快插慢拔，振捣间距 15~20 cm，每处振捣 20~30 s；根据混凝土坍落度适当调整振捣时间。

d.振捣密实后掘平收面，收面要求平整压光，铁板收到每一个外表面，模板根部、棱角位置，必须刮平顺直，多余混凝土清理干净。

e.混凝土浇筑时仍需检查预埋件是否稳固，是否有偏位。

f.混凝土浇筑收面完成后需用彩条布覆盖，保证不被破坏，同时根据天气情况随时关注，适时养护，保证混凝土表面成型质量无开裂现象。

（4）抹面、压光

抹面、压光时需要注意：初次抹面后须静置 1 h 后进行表面压光，压光应轻搓轻压，压光时应将模具表面、顶部浮浆清理干净，构件外表面应光滑无明显凹坑破损，内侧与结构接触面须做到均匀拉毛处理，拉深 4~5 mm，后静置 1 h。

7.脱模养护

（1）养护方式、养护时间

楼梯养护可采用蒸汽养护、覆膜保湿养护、自然养护等方法。对采用硅酸盐水泥、普通硅酸盐水泥或矿渣硅酸盐水泥拌制的混凝土，不得少于 7d；对掺用缓凝型外加剂或有抗渗要求的混凝土，不得少于 14d。冬季采取加盖养护罩蒸汽养护的方式，养护罩内外温差小于200℃时，方可拆除养护罩进行自然养护，自然养护要保持楼梯表面湿润。楼梯表面覆盖毛毡保湿。

（2）楼梯蒸养方案

①升温阶段

楼梯浇筑混凝土时，在混凝土初凝后（一般 10 h），开始通入少量蒸汽，一是保温防冻，二是让楼梯模具里的温度慢慢升高，控制最高升温每小时不要超过 10℃，持续时间一般为 8 h，温度最高升到 45℃。

②恒温阶段

模内温度到 45℃后进入高温蒸养阶段，在升温过程末期要进行一次洒温水养护，高温蒸养阶段必须保证混凝土表面湿润，持续时间为 10 h，在高温蒸养末期再洒一次水，然后进入降温阶段。

③降温阶段

降温阶段自然降温即可，控制降温每小时不要超过 10℃，持续时间一般为 12 h，此过程也要保证混凝土表面湿润，注意多次洒温水养护，降温完成后（模内温度与外界温差小于15℃）测试强度，达到拆模强度后即可组织拆模。

④一跑楼梯蒸养完成，然后进入下一循环。

（3）预制楼梯脱模要求

①预制楼梯脱模应严格按照先非承重模板、后承重模板，先侧模、后底模的顺序拆除模具，不得使用振动方式拆模。

②当混凝土强度达到设计强度的30%并不低于C15时，可以拆除边模，构件翻身强度不得低于设计强度的70%且不低于C20。

③将固定埋件及控制尺寸的螺杆、螺栓全部去除方可拆模、起吊，构件起吊应平稳。

④预制楼梯脱模起吊时，混凝土抗压强度应达到混凝土设计强度75%以上。

⑤预制楼梯外观质量不宜有一般缺陷，不应有严重缺陷。对于已经出现的一般缺陷，应进行修补处理，并重新检查验收；对于已经出现的严重缺陷，修补方案应经设计、监理单位认可之后进行修补处理，并重新检查验收。预制楼梯制作过程质量控制项目如表10－3所示，吊装过程中应注意成品保护，轻吊轻放。

表10－3　预制楼梯制作过程质量控制项目一览表

类别	项目	检验内容	依据	性质	数量	检验方法
钢筋加工	钢筋型号、直径、长度、加工精度	检验钢筋型号、直径、长度、弯曲角度	《钢筋混凝土用热轧带肋钢筋》（GB 1499.2—2007）	主控项目	全数	对照图样进行检验
钢筋安装	安装位置、保护层厚度	按制作图样检验	《钢筋混凝土用热轧带肋钢筋》（GB 1499.2—2007）	主控项目	全数	按照图样要求进行安装
伸出钢筋	位置、钢筋直径、伸出长度的误差	按制作图样检验	《钢筋混凝土用热轧带肋钢筋》（GB 1499.2—2007）	主控项目	全数	对照图样用尺测量
预埋件安装	预埋件型号、位置	安装位置、型号、埋件长度	制作图样	主控项目	全数	对照图样用尺测量
混凝土强度	试块强度、构件强度	同批次试块强度，构件回弹强度	《混凝土结构工程施工质量验收规范》（GB－50204－2015）	主控项目	100 m³取样不少于一次	试验室力学检验、回弹仪检验
脱模强度	混凝土构件脱模前强度	检验在同期条件下制作及养护的试块强度	《混凝土结构工程施工质量验收规范》（GB－50204－2015）	一般项目	不少于一组	试验室力学试验
养护	时间、温度	查看养护试件及养护温度	根据工厂制出的养护方案	一般项目	抽查	计时及温度检查
表面处理	污染、掉角、裂缝	检验构件表面是否有污染或缺棱掉角	工厂制定的构件验收标准	一般项目	全数	目测

8.检验及堆放

(1)检测内容

如图 10-22 对楼梯进行场内检测，检测基本要求如下：

图 10-22　预制楼梯场内检测

①成品拆模后应在明显位置进行标注。构件上的预埋件、吊点、预留孔洞的规格、位置和数量应符合标准图或设计要求。

②成品不应有影响结构性能和安装、使用功能的尺寸偏差。对于超过尺寸允许偏差且影响结构性能和安全使用功能的部位，应按技术处理方案进行处理，并重新检查验收。

③预制构件的外观质量不应有严重缺陷，如露筋、蜂窝麻面、孔洞、夹渣、疏松、裂缝等。对已经出现的严重缺陷，应按技术处理方案进行处理，并重新检查验收。

④成品外观不应有明显色差，对于色差严重的应按技术方案处理，处理后重新检查验收。

⑤对于一般表观质量问题，应在楼梯成品起模后及时进行修补。

⑥返修次数不得超过两次，返修两次仍不合格的作为废品处理。

(2)检查方法及工具

预制楼梯外观质量判定方法如表 10-4 所示：

①检查方法：观察，量测，按技术处理方案检查。

②检查工具：水准仪、钢尺、施工线、吊锤、靠尺、塞尺。

表 10-4　预制构件外观质量判定方法表

项目	现象	质量要求	判定方法
露筋	钢筋未被混凝土完全包裹而外露	受力主筋不应有，其他构造钢筋和箍筋允许少量	观察
蜂窝	混凝土表面石子外露	受力主筋部位和支撑点位置不应有，其他部位允许少量	观察

续表 10－4

项　目	现　象	质量要求	判定方法
孔洞	混凝土中孔洞深度和长度超过保护层厚度	不应有	观察
夹渣	混凝土中夹有杂物且深度超过保护层厚度	禁止夹渣	观察
外形缺陷	表面缺棱掉角、表面翘曲、抹面凹凸不平，没有达到横平竖直	要求达到预制构件允许偏差	观察
外表缺陷	麻面、起砂、掉皮、污染	允许少量污染等不影响结构使用功能和结构尺寸的缺陷	观察
连接部位缺陷	连接处混凝土缺陷及连接钢筋、连接件松动	不应有	观察
破损	影响外观	影响结构性能的裂缝不应有，不影响结构性能和使用功能的裂缝不宜有	观察
裂缝	裂缝贯穿保护层到达构件内部	影响结构性能的裂缝不应有，不影响结构性能和使用功能的裂缝不宜有	观察

（3）成品尺寸偏差标准

楼梯成品尺寸偏差和预制楼梯构件检验项目如表 10－5 和表 10－6 所示。

表 10－5　楼梯成品尺寸偏差表

项目		允许偏差/mm	检验方法
梯段	宽度	±5	钢尺检查
	斜长	+10，－5	钢尺检查
	板厚	+5，－1	钢尺检查
踏步	高度	±3	钢尺检查
	宽度	±3	钢尺检查
	平整度	±3	靠尺和塞尺检查
休息平台	厚度	±5	钢尺检查
	宽度	±5	钢尺检查
预埋件	中心线位置	±5	钢尺检查
	螺栓位置	±5	
表面平整度	梯段底面	±5	靠尺和塞尺检查

表 10-6　预制楼梯构件检验项目一览表

类别	项目	检验内容	依据	性质	数量	检验方法
伸出钢筋	位置、直径、种类、伸出长度	型号、位置、长度	制作图样	主控项目	全数	尺量
保护层厚度	保护层厚度	检验保护层厚度是否达到图样要求	制作图样	主控项目	抽查	保护层厚度检测仪
严重缺陷	纵向受力钢筋有露筋、主要受力部位有蜂窝、孔洞、夹渣、疏松、裂缝	检验构件外观	制作图样	主控项目	全数	目测
一般缺陷	有少量蜂窝、孔洞、夹渣、疏松、裂缝	检验构件外观	制作图样	一般项目	全数	目测
尺寸偏差	构件外形尺寸	检验构件尺寸是否与图样要求一致	制作图样	一般项目	全数	用尺测量
构件标识	构件标识	标识上应注明构件编号、生产日期、使用部位、混凝土强度、生产厂家等	按照构件编号、生产日期等	一般项目	全数	逐一对标识进行检查

（4）表面修补

根据表面检查预制构件表面如有影响美观的情况，或是有轻微掉角、裂纹要及时进行修补，制定修补方案。

掉角修补方法：

①对于两侧底面的气泡应用修补水泥腻子填平，抹光。

②掉角、碰损，用锤子和凿子凿去松动部分；使基层清洁，涂一层修补乳胶液（按照配合比要求加适量的水），再将修补水泥砂浆补上即可，待初凝时再次抹平压光。必要时用细砂纸打磨。

③大的掉角要分两到三次修补，不要一次完成，修补时要用靠模，确保修补处的平面与完好处平面保持一致。

混凝土表面气泡和蜂窝、麻面的修补方法：

①气泡（预制件上不密实混凝土或孔洞的范围不超过 4 mm）。将气泡表面的水泥浆凿去，露出整个气泡，并用水冲洗干净。后用修补材料将气泡塞满抹平即可。

②蜂窝、麻面（预制件上不密实混凝土的范围或深度超过 4 mm）。将预制件上蜂窝处的不密实混凝土凿去，并形成凹凸相差 5 mm 以上的粗糙面。用钢丝刷将露筋表面的水泥浆磨去。用水将蜂窝冲洗干净，不可存有杂物。用专用的无收缩修补料抹平压光，表面干燥后用细砂纸打磨。

常用修补材料有以下几种：

①修补水泥：散装水泥与52.5级白水泥各50%均匀混合，要即混即用。

②修补乳胶液：聚合物水泥改良剂。

③修补用砂：风干黄砂用1.18 mm筛子筛去粗颗粒，使用细颗粒部分。

④修补水泥腻子（砂浆）：修补强力胶：砂：修补水泥合理配比，可按修补乳胶液专业厂家推荐配置。

（5）裂缝处理

构件出现裂缝的原因很多，包括混凝土原材料质量不佳、温差过大、混凝土收缩变形严重及构件起吊脱模受力不均等原因。所以在整个生产过程中，必须对构件产生裂缝的各种因素进行把控，产出优质产品。

避免裂缝产生，除了过程中控制外，出现裂缝需按以下原则进行处理。

①构件出现一般缺陷或者严重缺陷，可依据表10-7情形进行判断与处理。

表10-7　预制楼梯裂缝、掉角的修补措施

缺陷的状态		修补方法	备注
裂缝	对构件结构产生影响的裂纹	✕	
	宽度超过0.3 mm，长度超过500 mm的裂纹	✕	
	上述情况外宽度超过0.1 mm的裂纹	○	
	宽度在0.1 mm以下，贯通构件的裂纹	□	
	宽度在0.1 mm以下，贯通构件的裂纹	□	
破损、掉角	对构件结构产生影响的破损，或连接埋件和留出筋的耐受力上有障碍的	✕	浇捣时边角上孔洞
	长度超过20 cm且超过板厚1/2的	✕	
	板厚的1/2以下、长度在2~20 cm以内的	□	修补后，接受质检人员的检查
	板厚的1/2以下、长度在2 cm以内的	□	修补
气孔、混凝土的表面完成度	表面收水及打硅胶部位、直径在3 mm以上的。其他要求参照样品板	□	双方检查确认后的产品作为样品板
其他	产品检查中被判为不合格的产品	✕	
备注	✕：废品（上述表示为"✕"的项目及图样发生变更前已制作的产品）。废板必须做好检查表然后移放至废板存放场地，并做好易于辨识的标记。对于废板应在对其具体情况及原因分析的基础上做出不合格品的处置报告及预防质量事故再发生的书面报告 ○：注入低黏性环氧树脂 □：（树脂砂浆）修补表面		

②构件制作阶段出现裂缝的原因及处理办法参照表 10 – 8。

表 10 – 8　预制楼梯制作常见裂缝问题及处理一览表

环节	序号	问题	危害	原因	检查	预防与处理措施
构件制作	1	混凝土表面龟裂	结构耐久性差，影响结构使用寿命	搅拌混凝土时水灰比过大	质检员	要严格控制混凝土的水灰比
	2	混凝土表面裂缝	影响结构可靠性	构件养护不足，浇筑完成后混凝土静养时间不到就开始蒸汽加热养护或蒸汽养护脱模后温差较大造成	质检员	在蒸汽养护之前混凝土构件要静养 2 ~ 6 h，脱模后要放在厂房内保持温度，构件养护要及时
	3	混凝土预埋件附近裂缝	造成埋件握裹力不足，形成安全隐患	预埋件处应力集中或拆模时模具上固定埋件的螺栓拧下，用力过大	质检员	预埋件附近增设钢丝网或玻璃纤维网，拆模时拧下螺栓用力适宜

8. 标识与产品合格证

（1）标识

①预制楼梯脱模后应在其表面醒目位置，按楼梯设计制作图要求对每件楼梯进行编码。

②预制楼梯编码系统应包括楼梯型号、质量情况、使用部位、外观、生产日期（批次）及“合格”字样。

③预制楼梯编码所用材料宜为水性环保涂料或塑料贴膜等可清除材料。

（2）产品合格证

①预制楼梯生产企业应按照有关标准规定或合同要求，对供应的产品签发产品质量证明书，明确重要技术参数，有特殊要求的产品还应提供安装说明书。

②预制楼梯生产企业的产品合格证应包括下列内容：

a. 合格证编号、构件编号；

b. 产品数量；

c. 预制构件型号；

d. 质量情况；

e. 生产企业名称、生产日期、出厂日期；

f. 检验员签名。

9. 资料与交付

根据现行国家标准《装配式混凝土建筑技术标准》（GB/T 51231—2016）中的规定，预制构件的资料应与产品生产同步形成、收集和整理，归档资料宜包括以下内容：

（1）预制混凝土构件加工合同。

（2）预制混凝土构件加工图样、设计文件、设计洽商、变更或交底文件。

（3）生产方案和质量计划等文件。

(4)原材料质量证明文件、复试试验记录和试验报告。

(5)混凝土试配资料。

(6)混凝土配合比通知单。

(7)混凝土强度报告。

(8)钢筋检验资料、钢筋接头的试验报告。

(9)模具检验资料。

(10)预应力施工记录。

(11)混凝土浇筑记录。

(12)混凝土养护记录。

(13)构件检验记录。

(14)构件性能检测报告。

(15)构件出厂合格证,如表 10 - 9 所示。

(16)质量事故分析和处理资料。

(17)其他与预制混凝土构件生产和质量有关的重要文件资料。

表 10 - 9 预制楼梯出厂合格证(范本)

预制混凝土构件出厂合格证		资料编号		
工程名称及使用部位		合格证编号		
构件名称		型号规格	供应数量	
制造厂家		企业登记证		
标准图号或设计图样号		混凝土设计强度等级		
混凝土浇筑日期	至	构件出厂日期		
性能检验评定结果	混凝土抗压强度		主筋		
	试验编号	达到设计强度/%	试验编号	力学性能	工艺性能
	外观		预埋件		
	质量状况	规格尺寸	质量状况	规格尺寸	
备注			结论:	
供应单位技术负责人		填表人	供应单位名称 (盖章)	
填表日期:				

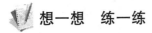 **想一想 练一练**

1. 描述以下预制构件的名称和规格：ST – 29 – 24；JT – 30 – 25。
2. 教材 10 – 7、10 – 8 图示中各符号的意义如何？
3. 预制楼梯模具进场后检验项目有哪些？
4. 预制钢筋混凝土楼梯中钢筋及预埋件施工技术要点有哪些？
5. 预制钢筋混凝土楼梯成品质量检测要求如何？

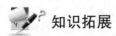 **知识拓展**

预制楼梯安装主要考虑以下内容：
(1)楼梯平台强度达到 75% 以上时进行梯段安装。
(2)梯段上端采用固定铰连接[如图 10 – 23(a)]，下端采用滑动铰连接[如图 10 – 23(b)]；梯段上端预留洞采用 C40 级灌浆料灌至距梯段表标高 30 mm 处，再采用砂浆封堵密实；梯段下端预留洞内距梯段表面标高 40 mm 处安装 4 mm 厚的铁垫片，采用螺母固定牢固，内部形成空腔，后用砂浆将预留洞口封堵严密。

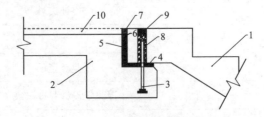

(a)上端固定铰支座连接示意图

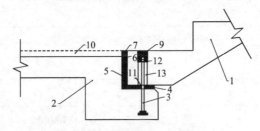

(b)下端滑动铰支座连接示意图

图 10 – 23 双跑梯固定铰端安装节点大样

1—梯段板；2—梯梁；3—1M14，C 级螺栓；4—1∶1 水泥砂浆找平层(强度 ≥ M15)；5—聚苯填充；6—PE 棒；7—注胶 30×30；8—C40 级 CGM 灌浆料；9—砂浆封堵(平整、密实、光滑)；10—面层厚度(入户处 50 mm，平台板处 30 mm)；11—隔离层(材料由设计指定)；12—固定螺母垫片；13—空腔

184

（3）梯段与平台梁间缝隙用聚苯板填充至距梯段板上表 50 mm 处，再嵌入 20 mm PE 棒，最后用打胶枪打 30 mm 厚密封胶封堵密实。楼梯选用规则如表 10 - 10 所示。

表 10 - 10　楼梯规格选用表

楼梯样式	层高/m	楼梯间宽度/(净宽 mm)	梯井宽度/mm	梯段板水平投影长/mm	梯段板宽/mm	踏步高/mm	踏步宽/mm	钢筋重量/kg	混凝土方量/m³	梯段板重/t	梯段板型号
双跑楼梯	2.8	2400	110	2620	1125	175	260	72.18	0.6524	1.61	ST - 28 - 24
		2500	70	2620	1195	175	260	73.32	0.6931	1.72	ST - 28 - 25
	2.9	2400	110	2880	1125	161.1	260	74.15	0.724	1.81	ST - 29 - 24
		2500	70	2880	1195	161.1	260	75.29	0.7688	1.92	ST - 29 - 25
	3.0	2400	110	2880	1125	166.6	260	74.83	0.7352	1.84	ST - 30 - 24
		2500	70	2880	1195	166.6	260	75.97	0.7807	1.95	ST - 30 - 25
剪刀楼梯	2.8	2500	140	4900	1160	175	260	194.35	1.736	4.34	JT - 28 - 25
		2600	140	4900	1210	175	260	193.77	1.813	4.5	JT - 28 - 26
	2.9	2500	140	5160	1160	170.6	260	206.67	1.856	4.64	JT - 29 - 25
		2600	140	5160	1210	170.6	260	208.51	1.930	4.83	JT - 29 - 26
	3.0	2500	140	5420	1160	166.7	260	213.26	1.993	4.98	JT - 30 - 25
		2600	140	5420	1210	166.7	260	215.20	2.078	5.20	JT - 30 - 26

项目11 阳台板、空调板、女儿墙预制

 学习目标

1. 掌握预制钢筋混凝土阳台板、空调板、女儿墙的技术标准；
2. 掌握预制钢筋混凝土阳台板、空调板、女儿墙的堆放要求；
3. 掌握预制钢筋混凝土阳台板、空调板、女儿墙的成品质量标准。

 项目描述

预制钢筋混凝土异形构件除了楼梯，还包括阳台板、空调板、女儿墙等非常规模具浇筑而成的混凝土构件，如图 11-1 所示。

图 11-1 预制阳台板

本项目主要对阳台板、空调板、女儿墙的预制进行简要介绍，指导相关构件的生产预制。

项目分析

预制异形构件生产工艺流程如图 11 - 2 所示，预制异形构件的生产制作、运输、堆放应满足《混凝土结构工程施工规范》(GB 50666—2011)及《装配式混凝土结构技术规程》(JGJ 1—2014)的有关规定。

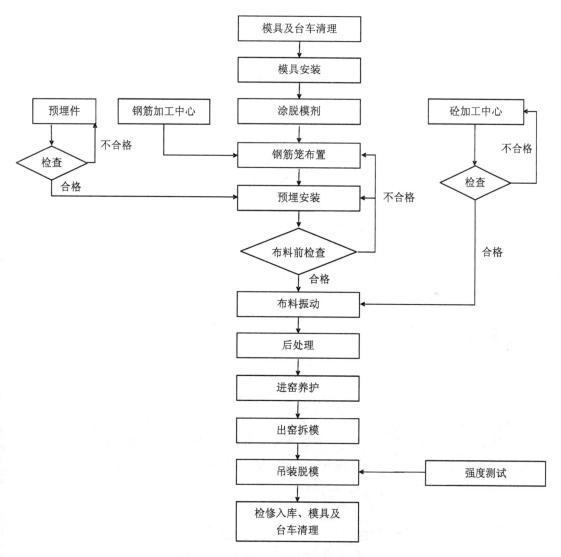

图 11 - 2　预制异形构件生产工艺流程图

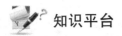

1.预制钢筋混凝土阳台板

(1)分类

按构件形式分:叠合板式阳台、全预制板式阳台、全预制梁式阳台。

按建筑做法分:封闭式阳台与开敞式阳台。

(2)规格及编号

如图 11-3 所示,预制阳台板类型:D 型代表叠合板式阳台;B 型代表全预制板式阳台;L 型代表全预制梁式阳台;预制阳台板封边高度:04 代表阳台封边 400 mm 高;08 代表阳台封边 800 mm 高;12 代表阳台封边 1200 mm 高。

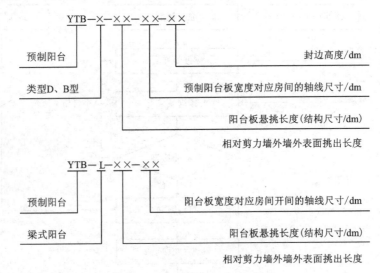

图 11-3　阳台板规格及编号含义

2.预制钢筋混凝土空调板

如图 11-4 所示,预制钢筋混凝土空调板规格及编号含义:KTB-84-130 表示预制空调板构件长度(L)为 840 mm,预制空调板宽度(B)为 1300 mm。

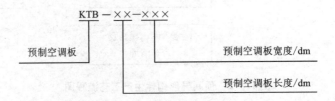

图 11-4　阳台板规格及编号含义

3.预制钢筋混凝土女儿墙

如图 11-5 所示,预制女儿墙规格及编号类型中:J1 型代表夹心保温式女儿墙(直板);J2 型代表夹心保温式女儿墙(转角板);Q1 型代表非保温式女儿墙(直板);Q2 型代表非保温式女儿墙(转角板);预制女儿墙高度从屋顶结构层标高算起 600 m 高表示为 06,1400 mm 高表示为 14。

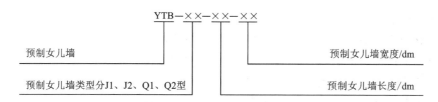

图 11 - 5　女儿墙规格及编号含义

【例1】　NEQ - J2 - 3314:该编号预制女儿墙是指夹心保温式女儿墙(转角板),单块女儿墙放置的轴线尺寸为 3300 mm(女儿墙长度为:直段 3520 mm,转角段 590 mm),高度为 1400 mm。

【例2】　NEQ - Q1 - 3006:该编号预制女儿墙是指全预制式女儿墙(直板),单块女儿墙长度为 2980 mm,高度为 600 mm。

 项目实施

1. 材料

(1)混凝土、钢筋和钢材

①叠合板式阳台板预制底板及其现浇部分、全预制式阳台板混凝土强度等级均为 C30;连接节点区混凝土强度等级与主体结构相同,且不低于 C30;预制钢筋混凝土空调板混凝土强度等级为 C30;预制女儿墙混凝土强度等级为 C30,连接节点处混凝土强度等级与主体结构相同,且不低于 C30。

②钢筋采用 HRB400、HPB300 钢筋。

③预埋铁件钢板一般采用 Q235 - B,内埋式吊杆一般采用 Q345 钢材。

(2)吊件

吊环应采用 HPB300 级钢筋制作,严禁采用冷加工钢筋。构件吊装采用的吊环、内埋式吊杆或其他形式吊件等应符合现行国家标准要求。

(3)连接件和预埋件

①连接件和预埋件型式、材质以及防腐蚀措施由具体工程设计确定。

②预制阳台板预埋件、安装用的连接件应采用碳素结构钢,也可以根据工程要求采用不锈钢材料制作。

③焊接采用的焊条,应符合现行国家标准《非合金钢及细晶粒钢焊条》(GB/T5 117—2012)或《热强钢焊条》(GB/T 5118—2012)的规定,选择的焊条型号应与主体金属力学性能相适应。

④预埋件的锚筋应采用 HRB400 钢筋,抗拉强度设计值 f 取值不应大于 300 N/mm²,锚筋严禁采用冷加工钢筋。

(4)密封材料、背衬材料等应满足国家现行有关标准的要求。

2. 构件制作

(1)钢筋应有产品合格证,并应按有关标准规定进行复验,质量应符合现行有关标准的规定。

(2)构件浇筑前应进行隐蔽工程检查。

①预制异形构件浇筑前,预埋吊具的位置数量必须符合设计要求。

②预制异形构件的钢筋型号、尺寸、位置、保护层厚度、外露长度,桁架筋的位置、数量、预埋管线、线盒应满足设计要求。

③预制异形构件的预留孔洞装置应通过可靠的方式与底模连接,避免因振动造成孔洞偏位,孔洞的预留装置宜按照3:100的脱模角度设计。

(3)振捣时应避开钢筋、埋件、管线等,对于重要勿碰部位应提前做标记。

(4)预制异形构件混凝土浇筑完毕后,应按现行国家相关标准进行养护。

(5)按国家规范检测混凝土强度,检查预埋连接件、插筋、孔洞数量、规格、定位,进行外观质量检查,进行外形尺寸检查。成品构件尺寸偏差及变形应控制在允许范围内,详见《装配式混凝土结构技术规程》(JGJ1—2014)第11章表11.4.2。

3. 构件脱模

(1)同条件养护的混凝土立方体试件抗压强度达到设计混凝土强度等级值的75%时,方可脱模。

(2)应根据模具结构按序拆除模具,不得使用振动构件方式拆模。

(3)预制异形构件起吊前,应确认构件与模具连接部分完全拆除方可起吊。

4. 运输要求

(1)构件生产单位应制定预制构件的运输与堆放方案,运输构件时应采取防止构件损坏的措施,防止构件移动、倾倒、变形等。预制构件运输时,车上应设有专用架,且有可靠的稳定构件措施。预制构件混凝土强度达到设计强度时方可运输,如图11-6、图11-7所示。

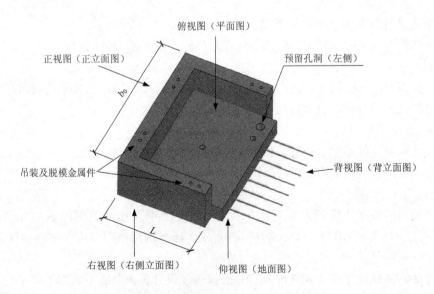

图 11-6 预制钢筋混凝土阳台示意图

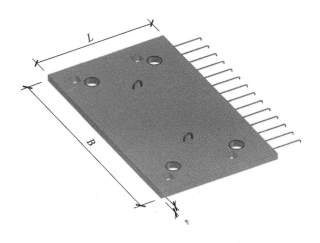

图 11 – 7　预制钢筋混凝土空调板示意图

（2）预制构件运输时，应采用木材或混凝土块作为支撑物，构件接触部位用柔性垫片填实。支撑牢固，不得有松动。

5. 质量检验

（1）构件质量验收应符合国家标准《混凝土结构工程施工质量验收规范》（GB 50204—2015）、《装配式混凝土结构技术规程》（JGJ 1—2014）等现行国家标准的有关规定。

（2）预制钢筋混凝土异形构件应按《混凝土结构工程施工质量验收规范》（GB 50204—2015）的有关规定进行结构性能检验。

 想一想　练一练

1. 预制钢筋混凝土异形构件有哪些类型？
2. 预制钢筋混凝土异形构件施工工序？
3. 预制钢筋混凝土异形构件中钢筋及预埋件施工技术要点有哪些？
4. 预制钢筋混凝土异形构件的堆放要求？

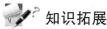 **知识拓展**

为尽量地统一预制构件的型号，对生产条件的要求尽可能地降低，叠合板式阳台参照表11 – 1 选择，叠合板式阳台施工参数参照表 11 – 2 选择，预制钢筋混凝土空调板选用参考表11 – 3 选择额，夹心保温式女儿墙选用参考表 11 – 4 选择。

表 11-1　叠合板式阳台选用表

规格	阳台长度 L/mm	房间开间 b/mm	阳台宽度 b_0/mm	现浇层厚度 h_2/mm	叠合板总厚度 h/mm
YTB - D - 1024 - XX	1010	2400	2380	70	130
YTB - D - 1027 - XX	1010	2700	2680	70	130
YTB - D - 1030 - XX	1010	3000	2980	70	130
YTB - D - 1033 - XX	1010	3300	3280	70	130
YTB - D - 1036 - XX	1010	3600	3580	70	130
YTB - D - 1039 - XX	1010	3900	3880	70	130
YTB - D - 1042 - XX	1010	4200	4180	70	130
YTB - D - 1045 - XX	1010	4500	4480	70	130
YTB - D - 1224 - XX	1210	2400	2380	70	130
YTB - D - 1227 - XX	1210	2700	2680	70	130
YTB - D - 1230 - XX	1210	3000	2980	70	130
YTB - D - 1233 - XX	1210	3300	3280	70	130
YTB - D - 1236 - XX	1210	3600	3580	70	130
YTB - D - 1239 - XX	1210	3900	3880	70	130
YTB - D - 1242 - XX	1210	4200	4180	70	130
YTB - D - 1245 - XX	1210	4500	4480	70	130
YTB - D - 1424 - XX	1410	2400	2380	90	150
YTB - D - 1427 - XX	1410	2700	2680	90	150
YTB - D - 1430 - XX	1410	3000	2980	90	150
YTB - D - 1433 - XX	1410	3300	3280	90	150
YTB - D - 1436 - XX	1410	3600	3580	90	150
YTB - D - 1439 - XX	1410	3900	3880	90	150
YTB - D - 1442 - XX	1410	4200	4180	90	150
YTB - D - 1445 - XX	1410	4500	4480	90	150

表 11-2 叠合板式阳台施工参数选用表

规格	预制构件重量/t	脱模（吊装）a_1/mm	脱模吊点拉力/kN	运输、吊装吊点拉力/kN	施工临时支撑 c_1/mm	施工临时支撑 c_2/mm
YTB-D-1024-XX	0.85	450	11.68	9.63	425	765
YTB-D-1027-XX	0.93	550	12.81	10.50	475	865
YTB-D-1030-XX	1.01	600	13.95	11.37	525	965
YTB-D-1033-XX	1.10	650	15.08	12.24	575	1065
YTB-D-1036-XX	1.18	700	16.21	13.12	625	1165
YTB-D-1039-XX	1.27	800	17.34	13.99	675	1265
YTB-D-1042-XX	1.35	850	18.48	14.86	725	1365
YTB-D-1045-XX	1.43	900	19.61	15.74	775	1465
YTB-D-1224-XX	0.97	450	13.36	10.91	425	765
YTB-D-1227-XX	1.06	550	14.64	11.87	475	865
YTB-D-1230-XX	1.16	600	15.92	12.84	525	965
YTB-D-1233-XX	1.25	650	17.19	13.81	575	1065
YTB-D-1236-XX	1.34	700	18.47	14.77	625	1165
YTB-D-1239-XX	1.43	800	19.75	15.74	675	1265
YTB-D-1242-XX	1.53	850	21.02	16.71	725	1365
YTB-D-1245-XX	1.62	900	22.30	17.67	775	1465
YTB-D-1424-XX	1.09	450	15.05	12.19	425	765
YTB-D-1427-XX	1.19	550	16.47	13.25	475	865
YTB-D-1430-XX	1.29	600	17.89	14.31	525	965
YTB-D-1433-XX	1.40	650	19.31	15.37	575	1065
YTB-D-1436-XX	1.50	700	20.73	16.43	625	1165
YTB-D-1439-XX	1.60	800	22.15	17.49	675	1265
YTB-D-1442-XX	1.70	850	23.57	18.55	725	1365
YTB-D-1445-XX	1.80	900	24.99	19.61	775	1465

表 11-3　预制钢筋混凝土空调板选用表

编号	长度 L /mm	宽度 B /mm	厚度 h /mm	重量/ kg	备注
KTB－63－110	630	1100	80	139	一般用于南方铁艺栏杆做法
KTB－63－120	630	1200	80	151	一般用于南方铁艺栏杆做法
KTB－63－130	630	1300	80	164	一般用于南方铁艺栏杆做法
KTB－73－110	730	1100	80	161	一般用于南方百叶做法
KTB－73－120	730	1200	80	175	一般用于南方百叶做法
KTB－73－130	730	1300	80	190	一般用于南方百叶做法
KTB－74－110	740	1100	80	163	一般用于北方铁艺栏杆做法
KTB－74－120	740	1200	80	178	一般用于北方铁艺栏杆做法
KTB－74－130	740	1300	80	192	一般用于北方铁艺栏杆做法
KTB－84－110	840	1100	80	185	一般用于北方百叶做法
KTB－84－120	840	1200	80	202	一般用于北方百叶做法
KTB－84－130	840	1300	80	218	一般用于北方百叶做法

表 11-4　夹心保温式女儿墙选用表

编号	长度 L /mm	L_1 /mm	L_2 /mm	L_3 /mm	L_4 /mm	板厚 /mm	高 /mm	重量 /t
NEQ－J1－3014	2980	1200	600	1540	—	290	1210	1.67
NEQ－J1－3314	3280	1350	700	1640	—	290	1210	1.87
NEQ－J1－3614	3580	1500	700	1940	—	290	1210	2.07
NEQ－J1－3914	3880	1650	800	2040	—	290	1210	2.26
NEQ－J1－4214	4180	1050	900	2140	1500	290	1210	2.46
NEQ－J1－4514	4480	1200	900	2440	1500	290	1210	2.66
NEQ－J1－4814	4780	1350	1000	2540	1500	290	1210	2.85

模块五
预制构件存储与运输

　　装配式混凝土建筑采用工业化方法进行预制构件的生产及施工,其主要流程可分为预制设计、模具规划、生产管理、制造、储放及搬运、工地安装及施工。其中设计、生产、施工往往是产业发展过程中大家最为重视的环节,而预制构件的储放与搬运经常被忽视,但却是构件生产及施工中很重要的环节。

　　建筑中不同部位的预制构件具有不同的形状特性及力学性质,搬运及储放不当容易产生结构变形、开裂,使建筑物存在严重的安全隐患,另外,构件表面的破损及污染则会影响其外观质量。在构件厂作业过程中,搬运作业也是安全事故最容易发生的一个环节,绝不可忽视。

　　不同项目及构件在项目启动前,应有相应的构件储放与运输规划。本模块从以下几个方面做一些经验上的说明,包括常见运输设备,储运安全要点及实务,道路运输限制,搬运及储放案例。

项目 12　预制构件存储

学习目标

1. 了解堆场构件存储方案制定。
2. 掌握各类预制构件的存储方式。
3. 熟悉堆场规划原则，能够制定合理的堆场规划方案。

项目描述

某 PC 工厂承接一经济适用房项目工程构件制作，项目共建设 25 栋单体住宅及商场、幼儿园、停车场、地下人防等配套设施。总建筑面积约为 34 万 m^2，单体住宅有 18 层及 24 层两种类型，层高均为 2.8 m。本项目预制率达 63%，预制件包括内外墙板、PCF 板、叠合楼板、楼梯、阳台、空调板等。单构件最大重量达 6.82 t，其中 A 户型单层预制件数量为 115 件，B 户型单层预制件数量为 172 件。请根据此项目，对堆场进行科学、合理的存储方案编制。

项目分析

预制构件堆场的规划，必须考虑：

（1）按照总平面布置要求，设置预制构件专用堆场，避免交叉作业形成安全隐患，应尽量靠近道路，道路应平整、坚实。

（2）堆场应平整、坚实（宜硬化，满足平整度和地基承载力要求），并应有排水措施。在地下室顶板等部位设置的堆场，应有经过施工单位技术部门批准的支撑方案。

（3）现场构件堆场应按规格、品种、所用部位、吊装顺序分别设置，构件堆垛之间应设置合理的工作人员安全通道。堆放区应设置隔离围栏，不得与其他建筑材料、设备混合堆放，防止搬运时相互影响造成伤害。

（4）预制构件存放时，预埋吊件所处位置应避免遮挡，易于起吊。

（5）构件叠放层数应符合规范要求，防止构件堆放超限产生安全隐患。

（6）插架应有足够的刚度和稳定性，相邻插架宜连成整体并定期进行检查。

（7）夹心保温外墙构件存放处 2 m 范围内不应有动火作业。

（8）构件堆场周围应设置围栏，并悬挂安全警示牌。

（9）构件宜布置在塔吊起重能力覆盖范围之内，堆场中预制构件堆放以吊装次序为原则，并对进场的每块板按吊装次序编号，应尽量布置在建筑物的外围并严格分类堆放。

（10）构件标识信息清晰、完整，宜布置在构件正面或侧面，便于识读，并注意保护。

编制方案时，主要依据如下：

（1）《施工现场场地平面布置图》

（2）《预制构件图及吊装顺序图》

（3）《装配式混凝土建筑技术标准 GB/T 51231—2016》

（4）《装配式混凝土结构技术规程 JGJ 1—2014》

（5）《装配式混凝土构件制作与验收技术规程 DBJ 41/T155—2016》

（6）《预制混凝土剪力墙外墙板 15G365—1》

（7）《桁架钢筋混凝土叠合板（60 mm 厚底板）15G366—1》

（8）《预制钢筋混凝土板式楼梯 15G367—1》

（9）《预制钢筋混凝土阳台板、空调板及女儿墙 15G368—1》

（10）《装配式混凝土建筑施工艺规程 T/CCIAT 0001—2017》

 知识平台

　　混凝土预制构件如果在存储环节发生损坏、变形将会很难补修，既耽误工期又造成经济损失，因此，大型混凝土预制构件的存储方式非常重要。物料储存要分门别类，按"先进先出"原则堆放物料，原材料需填写"物料卡"标识，并有相应台账、卡账以供查询。对因有批次规定特殊原因而不能混放的同一物料应分开摆放。物料储存要尽量做到"上小下大，上轻下重，不超安全高度"。物料不得直接置于地上，必要时加垫板、工字钢、木方或置于容器内，予以保护存放。物料要放置在指定区域，以免影响物料的收发管理。不良品与良品必须分仓或分区储存、管理，并做好相应标识。储存场地须适当保持通风、通气，以保证物料品质不发生变异。

一、构件的存储方案

　　构件的存储方案主要包括：确定预制构件的存储方式、设定制作存储货架、计算构件的存储场地和相应辅助物料需求。

　　（1）确定预制构件的存储方式：根据预制构件的外形尺寸（叠合板、墙板、楼梯、梁、柱、飘窗、阳台等）可以把预制构件的存储方式分成叠合板、墙板专用存放架存放、楼梯、梁、柱、飘窗、阳台叠放几种储放。

　　（2）设定制作存储货架：根据预制构件的重量和外形尺寸进行设计制作，且尽量考虑运输架的通用性。

　　（3）计算构件的存储场地：根据项目包含构件的大小、方量、存储方式、调板、装车便捷及场地的扩容性情况，划定构件存储场地和计算出存储场地面积需求。

　　（4）计算相应辅助物料需求：根据构件的大小、方量、存储方式计算出相应辅助物料需求（存放架、木方、槽钢等）数量。

二、构件储放工装及设备

　　构件类型比较多，尺寸、形状、重量、受力各异，对存放的方式有着特殊的要求，因此在储放过程中，对设备、储放工装、辅助设备等要求也不尽相同。常用的吊运设备有龙门吊（或堆场塔吊、汽车吊）、重型叉车、转运车（或预制构件运输车）等，工装包括各种结构形式的存放架（插架、联排或、专用运输框等），辅助工具包括吊具、垫块、扳手等。一般常用的工装、清单如表 12 - 1 所示。

表 12 -1　工装、设备清单

序号	工装/设备	工作内容
1	龙门吊	构件起吊、装卸、调板
2	外雇汽车吊	构件起吊、装卸，调板
3	叉车	构件装卸
4	吊具	叠合楼板构件起吊、装卸，调板
5	钢丝绳	构件(除叠合板)起吊、装卸，调板
6	存放架	墙板专用存储
7	转运车	构件从车间向堆场转运
8	专用运输架	墙板转运专用
9	木方(100 mm × 100 mm × 250 mm)	构件存储支撑
10	工字钢(110 mm × 110 mm × 3000 mm)	叠合板存储支撑

三、预制构件主要储放方式

1. 叠合楼板的放置

（1）多层码垛存放构件，层与层之间应垫平，各层垫块或方木(长宽高为 200 mm × 100 mm × 100 mm)应上下对齐。垫木放置在桁架侧边，板两端(至板端 200 mm)及跨中位置均应设置垫木且间距不大于 1.6 m，如图 12 -1 所示，最下面一层支垫应通常设置，并应采取防止堆垛倾覆的措施。

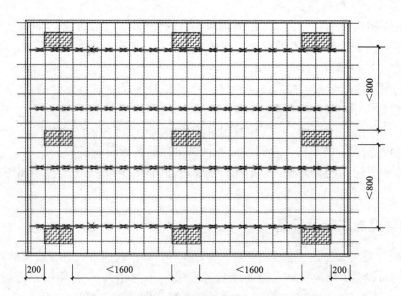

图 12 -1　叠合板平面堆放示意图

（2）采取多点支垫时，一定要避免边缘支垫低于中间支垫，形成过长的悬臂，导致较大负弯矩产生裂缝。

（3）不同板号应分别堆放，堆放高度不宜大于6层，如图12－2所示。每垛之间纵向间距不得小于500 mm，横向间距不得小于600 mm。堆放时间不宜超过两个月。

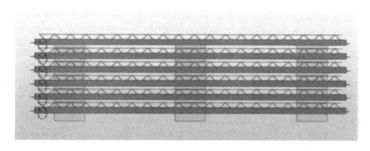

图12－2　叠合板立面堆放示意图

2. 预制墙板的放置

（1）预制内外墙板采用专用支架直立存放，吊装点朝上放置，支架应有足够的强度和刚度，门窗洞口的构件薄弱部位，应用采取防止变形开裂的临时加固措施。

（2）L型墙板采用插放架堆放，如图12－3所示，方木在预制内外墙板的底部通长布置，且放置在预制内外墙板的200 mm厚结构层的下方，墙板与插放架空隙部分用方木插销填塞。

（3）一字型墙板采用联排堆放，如图12－4所示，方木在预制内外墙板的底部通长布置，且放置在预制内外墙板的200 mm厚结构层的下方，上方通过调节螺杆固定墙板。

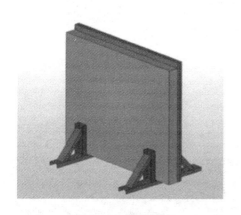

图12－3　插架存放

图12－4　联排存放

3. 楼梯的储存

（1）楼梯的储存应放在指定的储存区域，存放区域地面应保证水平。楼梯正面朝上，在楼梯安装点对应的最下面一层采用宽度100 mm方木通长垂直设置。同种规格依次向上叠放，层与层之间垫平，各层垫块或方木应放置在起吊点的正下方，折跑梯左右两端第二个、第三个踏步位置应垫4块100 mm×100 mm×500 mm木方，距离前后两侧为250 mm，保证各层间木方水平投影重合，存放层数不超过6层，如图12-5所示。

（2）方木选用长宽高为200 mm×100 mm×100 mm，每层放置四块，如图12-6所示，并垂直放置两层方木，应上下对齐。

（3）每垛构件之间，其纵横向间距不得小于400 mm。

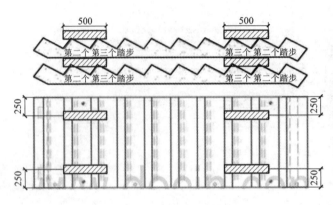

图12-5　预制楼梯支撑示意图

图12-6　预制楼梯堆垛

4. 叠合梁的储存

（1）在叠合梁起吊点对应的最下面一层采用宽度100 mm方木通长垂直设置，将叠合梁后浇层面朝上并整齐的放置。各层之间在起吊点的正下方放置宽度为50 mm通长方木，要求其方木高度不小于200 mm。

（2）如图12-7所示层与层之间垫平，各层方木应上下对齐，堆放高度不宜大于4层。

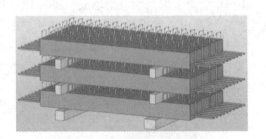

图12-7　叠合梁堆放三维图

（3）每垛构件之间，在伸出的锚固钢筋一端间距不得小于600 mm，另一端间距不得小于400 mm。

5. 柱的储存

柱存储应放在指定的存放区域，存放区域地面应保证水平。柱需分型号码放、水平放置。如图12-8所示，第一层柱应放置在"H"型钢（型钢长度根据通用性一般为3000 mm）上，保证长度方向与型钢垂直，型钢距构件边500~800 mm，长度过长时应在中间间距4 m放置一个"H"型钢，以便受力更加均匀。根据构件长度和重量最高叠放3层。层间用块100 mm×100 mm×500

图12-8　柱的存放

mm 的木方隔开,保证各层间木方水平投影重合于"H"型钢。

6. 飘窗的储存

飘窗采用立方专用存放架存储,飘窗下部垫 3 块 100 mm×100 mm×250 mm 木方,两端距墙边 300 mm 处各一块木方,墙体重心位置处一块,如图 12-9 所示。

图 12-9 飘窗板的存放

7. 空调板的储存

(1)预制空调板叠放时,层与层之间垫平,各层垫块或方木(长宽高为 200 mm×100 mm×100 mm)应放置在靠近起吊点(钢筋吊环)的里侧,分别放置四块,应上下对齐,最下面一层支垫应通长设置,堆放高度不宜大于 6 层。

(2)标识放置在正面,不同板号应分别堆放,伸出的锚固钢筋应放置在通道外侧,以防行人碰伤,两垛之间将伸出锚固钢筋一端对立而放,其伸出锚固钢筋一端间距不得小于 600 mm,另一端间距不得小于 400 mm,叠放图如图 12-10 所示。

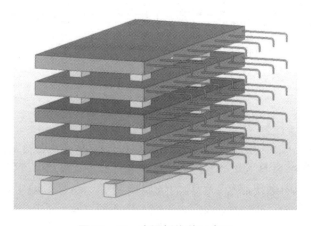

图 12-10 空调板堆放示意图

8．PCF 板的存储

（1）支架底座下方全部用 20 mm 厚橡胶条铺设。

（2）如图 12 - 11 所示，L 型 PCF 板采用直立的方式堆放，PCF 板的吊装孔朝上且外饰面统一朝外，每块板之间水平间距不得小于 100 mm，通过调节可移动的丝杆固定墙板。

（3）如图 12 - 12 所示，PCF 横板采用直立的方式堆放，PCF 板的吊装孔朝上且外饰面统一朝向，每块板之间水平间距不得小于 100 mm，通过调节可移动的丝杆固定墙板。

图 12 - 11　PCF 板堆放示意图　　　　图 12 - 12　PCF 横板堆放示意图

四、预制构件的存储管理

1．成品预制构件出入库流程

如图 12 - 13 所示，成品预制构件经验收、质检之后入库，在指定区域存放。发运时，出库，客户验收，电脑系统录入信息。

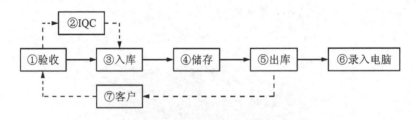

图 12 - 13　预制构件的入库流程

2．成品存放区域规划

成品存放区域可在设在厂房内部，也可以规划在户外堆场，规划主要考虑四个部分：装车区域、库存区域、工装夹具区域、不合格品区域（表 12 - 2）。装车区域主要需要考虑起吊设备的辐射范围、车辆的进出路径、吊具的选用便利等。库存区域主要考虑存取构件的类型、数量。

202

表 12 – 2 成品仓库区域规划

序号	规划区域	区域说明
1	装车区域	构件备货、物流装车区域
2	不合格区域	不合格构件暂存区域
3	库存区域	合格产成品入库储存重点区域，区内根据项目或产成品种类进行规划
4	工装夹具放置区	构件转运，装车需要的相关工装放置区

3. 成品预制构件仓库的存储要求

(1)根据库存区域规划绘制仓库平面图，表明各类产品存放位置，并贴于明显处。

(2)依照产品特征、数量、分库、分区、分类存放，按"定置管理"的要求做到定区、定位、定标识。

(3)库存成品标识包括产品名称、编号、型号、规格、现库存量，由仓管员用"存货标识卡"做出。

(4)库存摆放应做到检点方便、成行成列、堆码整齐距离，货架与货架之间有适当间隔，码放高度不得超过规定层数，以防损坏产品。

(5)应建立健全岗位责任制，坚持做到人各有责，物各有主，事事有人管；库存物资如有损失，贬值、报废、盘盈、盘亏等，均应及时向上级领导反馈并处理。

(6)库存成品数量要做到账、物一致，出入库构件数量及时录入电脑。

4. 成品仓库区域"6S"管理

(1)整理：工作现场，区别要与不要的东西，只保留有用的东西，撤除不需要的东西。

(2)整顿：把要用的东西，按规定位置摆放整齐，并做好标识进行管理。

(3)清扫：将不需要的东西清除掉，保持工作现场无垃圾，无污秽状态。

(4)清洁：维持以上整理、整顿、清扫后的局面，使工作人员觉得整洁、卫生。

(5)素养：通过进行上述4S的活动，让每个员工都自觉遵守各项规章制度，养成良好的工作习惯。

(6)安全：通过巡查，及早发现安全隐患点，将事故消灭在萌芽状态，保障人、设备、构件等的安全。

 项目实施

根据工厂的规划对堆场构件的存放进行初步规划设计，如图12–14所示，请结合本生产项目的需要，对图中各区域的存储功能及存储能力进行分析，做出评价与图纸的完善。

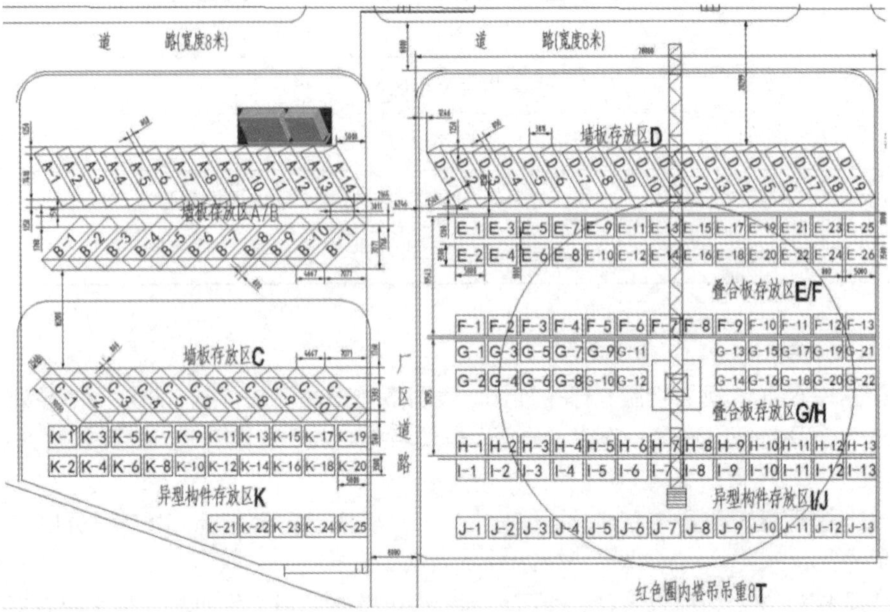

图 12－14　堆场规划

想一想　练一练

在预制构件厂内，堆场会存放各类预制构件，如墙板、楼梯、叠合板、阳台等，预制构件在厂内时通过龙门吊和汽车吊装车，装车前先对预制构件进行出厂检验，检查构件的外观质量有无缺陷，预留孔洞、预留钢筋位置有无符合设计要求，构件装车后经过修补等简单工序，然后运输到现场。请思考，列出堆场装车的工具配置清单，如表 12－3 所示。

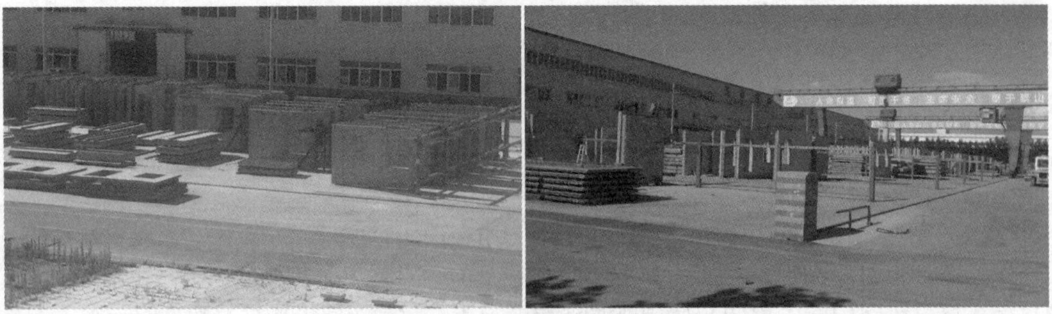

图 12－15　预制构件堆场

表12-3　装车工具配置

序号	设备、工具	数量	工作内容
例①	龙门吊	4	白、夜班车间墙板外转、装车、发货
1			
2			
3			
4			
5			
6			
…			

🖊️ 知识拓展

通常一些外墙板或内墙板，根据位置、功能的需要，会设置预留门、窗，在构件制作完成后，门窗尚未安装到位，在门窗等相邻位置的构件强度会偏弱，因此，当含有门窗等洞口墙板下线时，必须安装门洞支撑，如图12-16所示，且门洞支撑必须呈张紧受力状态，起吊时保证吊钩垂直。在堆场存放时，为避免墙板被工装磕碰损坏，还需要再挡靠处增加楔形木块，如图12-17所示。待墙板运至施工现场安装完成后方可拆卸。

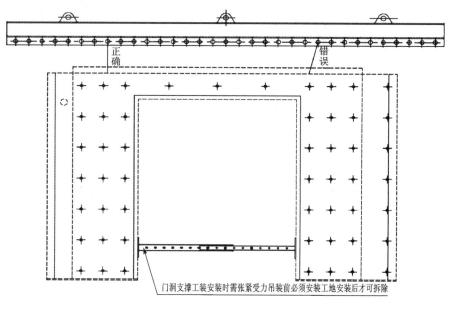

图12-16　带门洞的墙板

205

底部垫平整，侧面用30°角的楔形木块进行加塞

图 12 - 17　楔形木块

项目 13　预制构件运输

 学习目标

1. 熟悉预制构件的运输的方式。
2. 掌握预制构件运输方案制定的方法。
3. 能够进行预制构件运输方案的编制。

 项目描述

以"预制构件存储"项目中的生产任务为例,为保证预制件按计划供应,选取具备规模的专业运输公司作为构件承运单位,可提供运输车辆,共计 30 辆;另联系 2 家运输公司作为备选承运单位。本批预制构件生产工厂在长沙㮾梨工业园 PC 工厂,项目工地在长沙望城取忠路与杨水塘路交叉口,运输距离约为 45 km,如图 13 – 1 所示,由某有限公司运输至地盘,请制定科学、合理的运输方案。

图 13 – 1　项目所在地

 项目分析

本工程所选择运输道路均为城市道路,道路平整坚实,并有足够的路面宽度和转弯半径,路面宽度满足拖车运输要求。构件运输时的混凝土强度,构件不应低于设计强度等级的

75%,故在工厂必须养护到位。预制构件的垫点和装卸车时的吊点,不论上车运输或卸车堆放,均必须按设计要求进行留置。叠放在车上或堆放在现场的构件,构件之间的垫木要在同一条垂直线上,且厚度相等。构件在运输时要固定牢靠,以防在运输中途倾倒,或在道路转弯时车速过高被甩出。对于重心较高、支承面较窄的构件,应用支架固定。根据路面情况掌握行车速度。道路拐弯必须降低车速。根据吊装顺序,先吊先运,保证配套供应。

如图13-2所示,项目施工现场堆场规划,要着重考虑。对于不容易调头和又重又长的构件,应根据其工厂堆放布置及安装方向确定装车方向,以利于卸车就位。必要时,在加工场地生产时,就应进行合理安排。构件进场应按结构构件吊装平面布置图所示位置堆放,以免二次倒运。

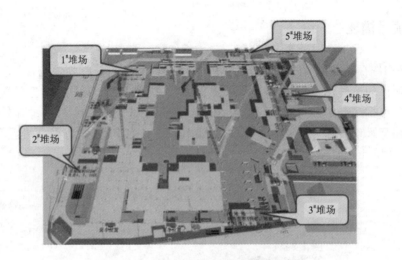

图13-2 项目施工现场堆场规划示意图

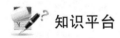 知识平台

一、构件运输准备工作

构件运输的准备工作主要包括:制定运输方案、设计并制作运输架、验算构件强度、清查构件及察看运输路线。

1. 制定运输方案

此环节需要根据运输构件实际情况,装卸车现场及运输道路的情况,施工单位或当地的起重机械和运输车辆的供应条件以及经济效益等因素综合考虑,最终选定运输方法、选择起重机械(装卸构件用)、运输车辆和运输路线。运输线路的制定应按照客户指定的地点及货物的规格和重量制定特定的路线,确保运输条件与实际情况相符。

2. 设计并制作运输架

根据构件的重量和外形尺寸进行设计制作,尽量考虑运输架的通用性。同时要结合车辆的形式予以匹配,以保证运输架可顺利上、下车。

3.验算构件强度

对钢筋混凝土屋架和钢筋混凝土柱子等构件,根据运输方案所确定的条件,验算构件在最不利截面处的抗裂度,避免在运输中出现裂缝。如有出现裂缝的可能,应进行加固处理。

4.清查构件

清查构件的型号、质量和数量以及出厂批次,有无加盖合格印和出厂合格证书等。

5.察看运输路线

在运输前再次对路线进行勘查,对于沿途可能经过的桥梁、桥洞、电缆、车道的承载能力,通行高度、宽度、弯度和坡度,沿途上空有无障碍物等实地考察并记载,制定出最佳顺畅的路线。这需要实地现场的考察,如果凭经验和询问很有可能发生许多意料之外的事情,有时甚至需要交通部门的配合等,因此这点不容忽视。在制定方案时,每处需要注意的地方需要注明。如不能满足车辆顺利通行,应及时采取措施。此外,应注意沿途是否横穿铁道,如有应查清火车通过道口的时间,以免发生交通事故。

二、构件主要运输方式

1.构件摆放形式

按构件的摆放形式可以分为立式运输和平层式运输。

(1)立式运输方案:如图13-3所示,在平板车上按照专用运输架,墙板对称靠放或者插放在运输架上。对于内、外墙板和PCF板等竖向构件多采用立式运输方案。

(2)平层叠放运输方式:如图13-4所示,将预制构件平放在运输车上,一块叠放在另一块上进行运输。叠合板、阳台板、楼梯、装饰板等水平构件多采用平层叠放运输方式。叠合楼板:标准6层/叠,不影响质量安全可到8层,堆码时按产品的尺寸大小堆叠。预应力板:堆码8~10层/叠。叠合梁:2~3层/叠(最上层的高度不能超过挡边一层),并考虑是否有加强筋向梁下端弯曲。

除此之外,对于一些小型构件和异型构件,多采用散装方式进行运输。

图 13-3　构件立装示意图

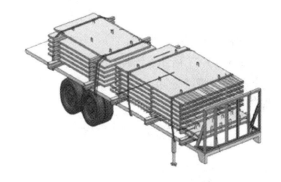

图 13-4　构件平装示意图

2.构件的主要运输方式

预制构件通常是采用陆路车辆运输,如图13-5所示,一般有以下四种运输方式:

方式一:单块装车

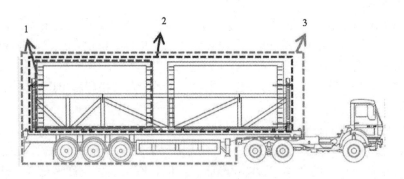

图 13 – 5   预制构件运输方式

1—单块装车(货架)；2—专用运输框；3—甩挂

如图 13 – 6 所示,堆场利用龙门吊单块装车,工地利用塔吊单块卸货。这种运输方式装卸慢,车辆等待时间非常长,预制件需要经过至少 5 次吊装,对吊装设备依赖性强,容易破损,运输效率低。受损率高:平放时楼板易受力不均,导致表面开裂。超宽:部分楼板宽度超过道路法规要求,且在转弯过程中容易出现重心不稳。

图 13 – 6   平板车单块装车运输

方式二:专用运输框

如图 13 – 7 所示,堆场利用运输框堆放,大型龙门吊整框吊装到平板车,工地现场利用汽车起重机将整框卸下。这种运输方式对起重设备要求高,吊装费用大,工地装卸需要起重机作业,且需要准备较多的运输框。

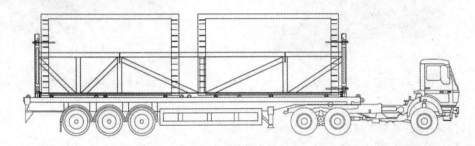

图 13 – 7   平板车运输框运输

方式三：甩挂

如图 13-8 所示，堆场利用龙门吊单块装车，工地甩挂，半挂车等待塔吊单块吊装。半挂车需要在工地等待，车辆利用率低。

图 13-8　预制构件甩挂运输

方式四：专用运输车辆

如图 13-9 所示，采用专用的运输车辆，预制件运输车具备超大空间、装卸高效、固定快速等优点。装载空间长×高×宽(9.5 m×3.75 m×1.5 m)；可运输最高达 3.75 m、最长可达 12 m 的预制件。采用定制托盘装卸预制件，单件装卸不超过 5 min，标配 4 个可前后移动的液压夹具，可以快速固定不同尺寸的预制件，托盘堆场放置，无须龙门吊装车，减少对大型起吊机械的依赖。

图 13-9　专用运输车辆

其工作原理如图 13-10 所示，需要装上预制构件时，构件运输车车身下降，打开后门，对准构件货架，倒车进去，操作提升装置，整车车身高度上升，后门关闭。当需要卸货时，操作提升装置，放低车身至货架着地，构件运输车驶出。

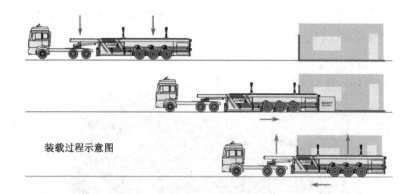

装载过程示意图

图 13 -10　预制构件运输车工作原理图

此种构件运输车具备装卸、行驶和越野三种模式，如图 13 - 11 所示，自动切换，简单易用。电液油气悬架系统，满足车辆任意载荷下减震需求，大幅度降低运输颠簸。三桥均匀承载，延长轮胎寿命。在路况不佳时，提升底盘，切换到越野模式；空载时，可提升最后一桥轮胎，减少与地面的摩擦，降低能耗和磨损，如图 13 - 12 所示。车辆采用液压缸保护，如果液压爆管，托盘不会坠地。

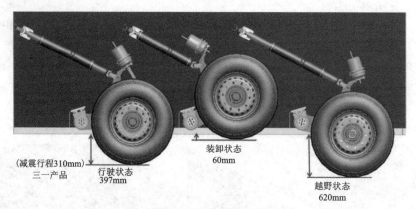

（减震行程310mm）
三一产品　　行驶状态
　　　　　　397mm

装卸状态
60mm

越野状态
620mm

图 13 -11　模式切换

图 13 -12　提升最后一桥

3. 控制合理运输半径

合理运距的测算主要是以运输费用占构件销售单价比例为考核参数。通过运输成本和预制构件合理销售价格分析，可以较准确地测算出运输成本占比与运输距离的关系，根据国内平均或者世界上发达国家占比情况反推合理运距。

（1）预制构件合理运输距离分析表

如表 13 -1 所示，在预制构件合理运输距离分析表中，运费参考了近几年的实际运费水平。预制构件每立方米综合单价平均 3000 元计算（水平构件较为便宜，约为 2400 ~2700 元；外墙、阳台板等复杂构件约为 3000 ~3400 元）。以运费占销售额 8% 估计的合理运输距离约为 120 km。

表 13 -1 预制构件合理运输距离分析表

序号	项目	近距离	中距离	较远距离	远距离	超远距离
1	运输距离/km	30	60	90	120	150
2	运费(元/车)	1100	1500	1900	2300	2650
3	平均运量/($m^3 \cdot$车$^{-1}$)	9.5	9.5	9.5	9.5	9.5
4	平均运费/(元·m^{-3})	115.8	157.9	200.0	242.1	284.2
5	水平预制构件市场价格/(元·m^{-3})	3000	3000	3000	3000	3000
6	水平运费占构件销售价格比例/%	3.87	5.27	6.67	8.07	8.40

（2）合理运输半径测算

从预制构件生产企业布局的角度，合理运输距离由于还与运输路线相关，而运输路线往往不是直线，运输距离还不能直观地反映布局情况，故提出了合理运输半径的概念。

从预制构件厂到预制构件使用工地的距离并不是直线距离，况且运输构件的车辆为大型运输车辆，因交通限行超宽超高等原因经常需要绕行，所以实际运输线路更长。

根据预制构件运输经验，实际运输距离平均值比直线距离长 20% 左右，因此将构件合理运输半径确定为合理运输距离的 80% 较为合理。因此，以运费占销售额 8% 估算合理运输半径约为 100 km。合理运输半径为 100 km 意味着，以项目建设地点为中心，以 100 km 为半径的区域内的生产企业，其运输距离基本可以控制在 120 km 以内，从经济性和节能环保的角度，处于合理范围。

总的来说，如今国内的预制构件运输与物流的实际情况还有很多需要提升的地方。目前，虽然有个别企业在积极研发预制构件的运输设备，但总体来看还处于发展初期，标准化程度低，存储和运输方式是较为落后。同时受道路、运输政策及市场环境的现在和影响，运输效率不高，构件专用运输车还比较缺乏且价格较高构件运输方法。

213

四、构件装运

(一)装车前准备

预制构件装车作业专业性强、安全责任大，是确保运输安全的源头关键环节。运输作业领导小组应加强对装车工作的领导，指派专人进行现场指挥，加强装车作业组织，确保装车质量。

须遵循以下几点要求：

(1)装车前，须对构件标识进行检查，标识是否清楚，质量是否合格，有无开裂、破损等现象。

(2)预制混凝土构件起吊时，混凝土强度不小于混凝土设计强度的75%。

(3)须提前将场内运输道路上的障碍物进行清理，保持道路畅通。

(4)提前对场外运输路况进行核查，查看有无影响运输作业的道路情况。

(5)装车前，须准备好运输所用的材料、人员、机械。

(6)装车作业人员上岗前必须进行培训，接受技术交底，掌握操作技能和相关安全知识，作业前须按规定穿戴劳动保护用品。

(7)装车前须检查确认车辆及附属设备技术状态良好，并检查加固材料是否牢固可靠。

(8)构件起吊前，确定构件已经达到吊装要求得强度并仔细检查每个吊装点是否连接牢靠，严禁有脱扣、连接不紧密现象等。

(二)构件装、卸车

在装车作业时必须明确指挥人员，统一指挥信号。根据吊装顺序合理安排构件装车顺序，厂房内构件装车采用生产线现有行吊进行装车。

装卸车注意事项：

(1)装车时需有专人指挥，行吊操作员严格遵守指挥人员指挥进行吊装作业。

(2)平稳起吊，以避免损失其构件棱角。

(3)装车时需有专人配合装车，调整垫木位置。缓慢下落，避免构件磕碰。

(4)对构件边缘等易损部位进行可靠的成品保护。

(三)装车后检查

(1)装车后，须检查货物装载加固是否符合相关规定要求。

(2)使用的加固材料(装置)规格、数量、质量和加固方法、措施、质量符合装载加固方案。加固部位链接牢靠。预制构件底部与车板距离不小于145 mm。

(3)检查完毕并确认预制构件装载符合要求后，粘贴反光条及限速字样。

(四)运输准备

场外公路运输要先进行路线勘测，合理选择运输路线，并沿途具体运输障碍制定措施。对承运单位的技术力量和车辆、机具进行审验，并报请交通主管部门批准，必要时要组织模拟运输。

(五)构件运输

根据所要运输的构件类型、数量，选择合适车辆，车辆主要参数如表13－3所示。

表13-3 车辆参数

序号	项目名称	单位	参数值	备注
1	车辆长	m	25	
2	车辆宽	m	3	
3	载重量	t	25	
4	最小转弯半径	m	17	
5	车辆长	m	16	
6	车辆宽	m	3	
7	载重量	t	25	
8	最小转弯半径	m	12	

(六)路线选择

构件预制厂位于长沙㮾梨工业园PC工厂,项目工地在长沙望城取忠路与杨水塘路交叉口,运输距离约为45 km,场内原为PC板生产线,所以其出场道路满足构件出场运输要求。

具体路线如下:

从预制构件厂出发—沿黄兴大道行驶约6.9 km左转进入东七路—行驶1.8 km左转进入滨湖路—行驶3.6 km左转进入星沙联络线—行驶7.5 km进入二环线—左转进入潇湘北路行驶13.3 km—左转进入旺旺东路行驶4 km—右转进入杨水塘路380 m—由西门进入施工现场。

运输道路均为市郊公路,路面条件较好,车流量不大。道路全长约45 km。运输路线如图13-13所示。

途经五条公路立交桥,桥下最低限高4.5 m,最小限重55 t。由于运输路线为市郊环城道路,所以路面宽阔,其转弯曲线半径较大,能够满足我运输车辆通行。

图13-13 运输路线图

 **项目实施**

结合以上内容，按照以下表格，编制预制构件运输安全技术交底记录：

表 13 – 4　安全技术交底

安全技术交底记录		编号	
工程名称			
施工单位			
交底提要	预制构件运输安全技术交底	交底日期	年　月　日

交底内容：

预制构件运输安全技术交底

审核人		交底人		接受交底人	

本表由施工单位填写并保存（一式三份）。接受交底人一份、交底人一份、安全员一份）。

✔ 想一想　练一练

通常在存放和运输过程中，竖向构件一般竖向存放，横向构件横向存放。为提高预制构件运输专用车辆的适用范围，如图 13 - 14，水平构件竖向存放是否可行？如果可行，重点要考虑些什么，如何实现？

图 13 - 14　叠合板竖向放置

✎ 知识拓展

如在运输作业期间遇天气突变，如降雨等情况，需制定一些应急预案，及时对货物进行遮盖并对车辆采取防滑措施，保证货物安全运抵指定地点。

1. 车辆故障应急预案

在运输前，通知备用车辆及维修人员待命。如在途中运输车辆出现故障，立即安排维修技术人员进行维修。如确定无法维修，及时调用备用车辆，采取紧急运输措施，保证在最短时间内运抵指定地点。

2. 道路紧急施工应急预案

对经过的路线进行反复勘察，并在构件起运前一天再次确认道路状况，掌握运输路线的详细资料。尽管如此，仍难以完全避免因道路通行受阻情况。遇到此类情况，现场应及时采取补救措施。如难度较大项目经理应亲赴现场，协调内外部资源，及时提出运输路线整改方案，在施工部门配合下在最短的时间内完成对施工道路进行整改，确保设备运输顺利通行。

3. 道路堵塞应急预案

在构件运输过程中遇到交通堵塞情况，服从当地交通主管部门的协调指挥，加强交通管制。如遇集市或重大集会，应建议改变运输计划，或者寻求新的通行路线，保证顺利通过。

4. 交通事故应急预案

在运输车辆发生交通事故时，现场人员及时保护事故现场，并上报项目经理及保险公司，说明情况，积极协调交警主管部门处理，必要时，协调交警主管部门在做好记录的前提下"先放行后处理"。

5. 加固松动应急预案

运输过程中，因客观原因导致捆扎松动的情况下，由随从的质量监控人员认真分析松动的原因，重新制定切实可行的加固方案，对构件进行重新加固。

6. 不可抗力应急预案

在运输过程中有不可抗力的情况发生时，首先将运输构件置于相对安全的地带、妥善保管，利用一切可以利用的条件将事件及动态通知业主，并按照业主的授权开展工作。如果基本的通信条件不具备，则做好相关记录和设备的保管工作，直到与业主取得联系或者不可抗力事件解除。不可抗力的影响消除后，如果具备继续运输的条件，项目部将在确保构件以及运输人员安全的前提下，继续实施运输计划。

参考文献

[1] 住房和城乡建设部. 混凝土结构工程施工质量验收规范(GB 50204—2015)[S]. 北京：中国建筑工业出版社, 2015.

[2] 住房和城乡建设部. 钢筋套筒灌浆连接应用技术规程(JGJ 355—2015)[S]. 北京：中国建筑工业出版社, 2015.

[3] 住房和城乡建设部. 钢筋机械连接用套筒(JG/T 163—2013)[S]. 北京：中国标准出版社, 2013.

[4] 住房和城乡建设部. 钢筋连接用套筒灌浆料(JG/T408—2013)[S]. 北京：中国标准出版社, 2013.

[5] 国家建筑标准设计图集. 装配式混凝土结构预制构件选用目录(一)(16G116—1)[M]. 北京：中国计划出版社, 2016.

[6] 住房和城乡建设部. 预制带肋底板混凝土叠合楼板技术规程(JGJ/T 258—2011)[S]. 北京：中国建筑工业出版社, 2011.

[7] 住房和城乡建设部. 装配式混凝土结构技术规程(JGJ 1—2014)[S]. 北京：中国建筑工业出版社, 2014.

[8] 山东省建设发展研究院. 装整体式混凝土结构工程预制构件制作与验收规程(DB37/T 5020—2014)[S]. 北京：中国建筑工业出版社, 2014.

[9] 山东省建筑科学研究院. 装配整体式混凝土结构工程施工与质量验收规程(DB37/T 5019—2014)[S]. 北京：中国建筑工业出版社, 2014.

[10] 中华人民共和国住房和城乡建设部住宅产业化促进中心. 装配式混凝土结构技术导则[M]. 北京：中国建筑工业出版社, 2015.

[11] 装配式混凝土结构工程施工编委会. 装配式混凝土结构工程施工[M]. 北京：中国建筑工业出版社, 2015.

[12] 山东省建筑工程管理局. 山东省建筑业施工特种作业人员管理暂行办法[C]. 鲁建安监字[2013]16 号.

[13] 济南市城乡建设委员会建筑产业化领导小组办公室. 装配整体式混凝土结构工程施工[M]. 北京：中国建筑工业出版社, 2015.

[14] 济南市城乡建设委员会建筑产业化领导小组办公室. 装配整体式混凝土结构工程工人操作实务[M]. 北京：中国建筑工业出版社, 2015.

[15] 国务院办公厅. 关于大力发展装配式建筑的指导意见[C]. 北京：国务院办公厅, 2016.

[16] 中华人民共和国住房和城乡建设部. "十三五"装配式建筑行动方案[C]. 北京：住房和城乡建设部. 2017.

[17] 中华人民共和国住房和城乡建设部. 建筑业发展"十三五"规划[C]. 北京：住房和城乡建设部, 2017.

[18] 北京市住房和城乡建设委员会. 装配式混凝土结构工程施工与质量验收规程(DB11/T 1030—2013[S]). 北京市住房和城乡建设委员会, 2013.

[19] 中国建筑标准设计院. 装配式混凝土结构连接节点构造(G310 - 1 ~ 2)[M]. 北京：中国计划出版社 2015.

[20] 中国建筑标准设计院. 预制混凝土剪力墙外墙板(15G365—1)[M]. 北京：中国计划出版社, 2015.

[21] 中国建筑标准设计院. 预制混凝土剪力墙内墙板(15G365—2)[M]. 北京：中国计划出版社, 2015.

[22] 中国建筑标准设计院. 桁架钢筋混凝土叠合板(60mm 厚底板)(15G366—1)[M]. 北京：中国计划出版社, 2015.

[23] 中国建筑标准设计院. 预制钢筋混凝土板式楼梯(15G367—1)[M]. 北京：中国计划出版社, 2015.

[24] 中国建筑标准设计院. 预制钢筋混凝土阳台板、空调板及女儿墙(15G368—1)[M]. 北京：中国计划出版社, 2015.

[25] 中国建筑标准设计院. 装配式混凝土结构表示方法及示例(剪力墙结构)(15G107—1)[M]. 北京：中国计划出版社, 2015.

[26] 中国建筑标准设计院. 装配式混凝土结构住宅建筑设计示例(剪力墙结构)(15G939—1)[M]. 北京：中国计划出版社, 2015.